HOTSPOTS EUROPAS
Naturführer für Entdecker
1

Helgoland

Europas Galapagos

Ingo Seehafer

Hotspots Europas Bd. 1
VerlagsKG Wolf

Die Reihe **Hotspots Europas – Naturführer für Entdecker**
wird herausgegeben von

Ingo Seehafer
Im Rumpel 4
79588 Efringen-Kirchen
www.seehafer-fotografie.de

mit 143 Farbfotos, 10 farbigen Karten, 8 Farbtafeln, 8 Farbgrafiken,
2 S/W-Abbildungen und zahlreichen Symbolen

Titelbild: Roter Felsen auf Helgoland (Foto: Ingo Seehafer)
Alle Zeichnungen wurden angefertigt von Alice Kurscheidt.

ISSN: 2194-5144
ISBN: 978-3-89432-255-7

Lektorat: Dr. Günther Wannenmacher · www.lektorat-wannenmacher.de
Satz und Layout: Alf Zander
Druck und Bindung: Westarp & Partner Digitaldruck · www.unidruck7-24.de

Inhaltsverzeichnis

1 Helgoland – Europas Galapagos

Helgoland ist den meisten nur deshalb ein Begriff, weil es beinahe die letzte europäische Bastion des zoll- und umsatzsteuerfreien Einkaufs von Zigaretten, Hochprozentigem und wertvollem Schmuck ist. Doch diese (zwei!) einsamen Inselchen im unendlichen Meer haben weit mehr zu bieten. Denn in den vergangenen Jahrzehnten hat die Natur Heligoland, wie es die Engländer nennen, in Form von Lummen, Tölpeln und Robben, in ihren Besitz genommen. Es scheint fast so, als ob es sich im Tierreich herumgesprochen hat, dass sich auf den zwei Eilanden in der rauhen See des Nordens nicht nur völlig ungestört brüten lässt, sondern wohl auch kein anderer Ort besser geeignet ist, weiße, pelzige Robbenbabys die ersten Lebenswochen sorglos und wohlbehütet verbringen zu lassen.

Es ist ein schier unglaubliches Erlebnis, bei der Langen Anna, dem Wahrzeichen Helgolands, von Mai bis Oktober über zehntausenden Basstölpeln, Trottellummen und Dreizehenmöwen bei ihrem Brutgeschäft zusehen zu dürfen. Wir können, nur wenige Meter entfernt, dabei sein, wie die Eier bebrütet und die frisch geschlüpften Jungen gefüttert werden. Nirgendwo in Europa kann der Besucher den legendären Lummensprung so mühelos beobachten wie hier.

Und als ob die Natur der Meinung wäre auch in der vogelfreien Zeit noch etwas bieten zu müssen, kommen von November bis Januar hunderte von Kegelrobben an den Strand der zweiten Insel – welche etwas gewöhnungsbedürftig Düne genannt wird – um hier ihre Jun-

Täglich zeigen die Kegelrobben ihre Kapriolen auf der Düne.

gen auf die Welt zu bringen. Auch dies geschieht nur wenige Meter von den Augen des Besuchers entfernt. Ich konnte sogar beobachten, wie ein trächtiges Weibchen zu einem still auf dem Boden sitzenden Menschen näher hinrobbte, nur um anschließend – als fühlte sie sich nun vollkommen sicher – vor den Augen des stumm staunenden Beobachters ihr Junges zu gebären.

Der Ihnen vorliegende erste Naturführer der Serie »Hotspots Europas« möchte Sie einladen, dieses grandiose Naturschauspiel und viele weitere faszinierende Naturereignisse selbst mitzuerleben. Dafür stelle ich Ihnen auf den nachfolgenden Seiten acht verschiedene Touren vor, die sowohl für Urlauber gedacht sind, die mehrere Tage auf Helgoland verbringen, aber vor allem auch für die vielen Tagesbesucher, die nur wenige Stunden auf den beiden Inseln verbringen.

Die vorgestellten Rundwege werden angereichert durch Informationen zum Land und den dort lebenden Menschen. Doch im Vordergrund stehen natürlich die unzähligen wunderbaren Tiere, die fast jede Scheu vor uns Menschen verloren haben. Das Alles macht Helgoland und die Düne zu einem kleinen Garten Eden – zu Europas Galapagos.

Zollfrei einkaufen, das hat Helgoland nach dem Krieg bekannt gemacht.

2 Zur schnellen Orientierung: die Symbole

Nachfolgende Symbolsammlung verschafft Ihnen einen schnellen Überblick darüber, was Sie wo und auf welche Art auf Helgoland erwarten können.

Nicht nur für die Naturfotografen unter den Lesern gibt es zusätzlich drei Symbole, die einen Tipp bereithalten, wie Sie an die schönsten Aufnahmen gelangen können.

Selbstverständlich wird in der Hotspots-Serie auch immer mit entsprechenden Symbolen auf die Zugänglichkeit der Wege für Kinder und Behinderte hingewiesen.

Fußweg, Fußgänger

Zugänglich für Rollstuhlfahrer, Behinderte, Kinderwagen.

Unzugänglich für Rollstuhlfahrer, bedingt zugänglich für Behinderte, zugänglich für geländegängige Kinderwagen.

Für Kinder besonders geeignet; Kinder werden hier ihren Spaß haben.

An dieser Stelle finden Sie (fast) immer Seehunde und Kegelrobben.

Hunde sind auf Helgoland nur an der Leine erlaubt! Das gilt besonders auf der Klippe.

Hunde, auch angeleint, verboten.

Hier finden Sie Basstölpel.

Hier finden Sie Trottellummen.

Hier finden Sie Silbermöwen, Heringsmöwen oder Dreizehenmöwen.

Hier finden Sie persönliche Tipps vom Autor.

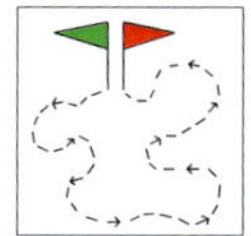

Dieses Symbol weist auf einen Rundweg hin.

Die »Lange Anna«, Wahrzeichen Helgolands und Brutplatz von Trottellumme, Basstölpel und Dreizehenmöwe.

Bestimmte Vögel finden Sie nur hier: an den roten Klippen Helgolands.

Kegelrobben finden Sie hier vor allem im Winter: in den Dünen.

Silbermöwen, Heringsmöwen und Austernfischer brüten im Dünengras.

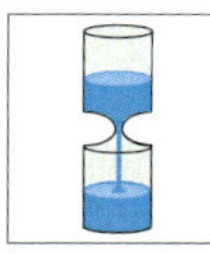

An dieser Stelle lohnt es sich, zu warten und eine längere Zeit zu beobachten.

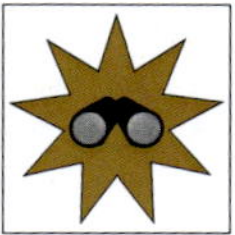

An dieser Stelle können Sie und Ihre Kinder alles bestens beobachten.

An dieser Stelle haben Sie die beste Aussicht auf tolle Fotos.

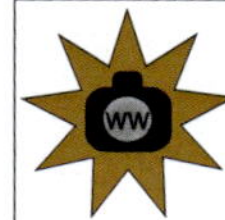

Hier erwartet Sie ein Tipp zur Weitwinkelfotografie.

Hier erwartet Sie ein Tipp zur Makrofotografie.

Hier erwartet Sie ein Tipp zur Telefotografie.

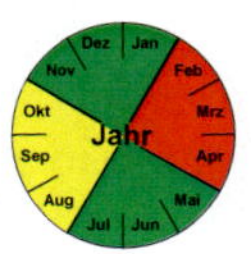

Diese Uhr steht für die allgemeinen Beobachtungszeiten:
ROT: keine guten Beobachtungsmöglichkeiten
GELB: nicht die Hauptbeobachtungszeit, dennoch lohnt sich der Besuch
GRÜN: beste Beobachtungszeit, ein Besuch lohnt sich immer

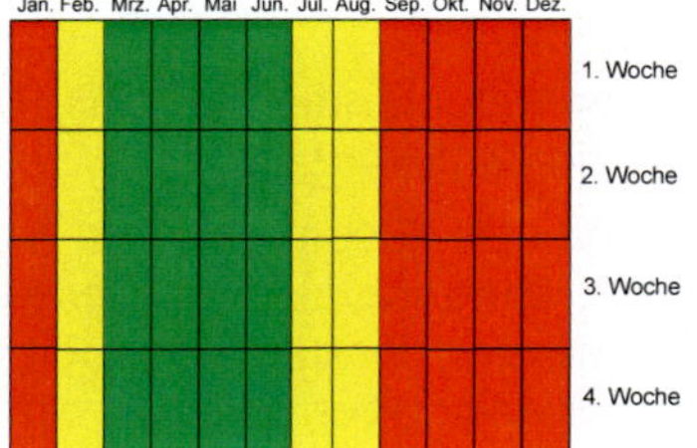

In dieser Tabelle finden Sie für ausgewählte Tier- und Pflanzenarten die optimalen Beobachtungszeiten.
ROT: das Tier/die Pflanze ist nicht zu beobachten
GELB: das Tier/die Pflanze lassen sich hin und wieder beobachten
GRÜN: das Tier ist mit Sicherheit anwesend und lässt sich hervorragend beobachten; die Pflanze blüht oder trägt Früchte

3 Helgoland – die ersten Schritte

In unserer immer schnelllebiger werdenden Zeit möchte die Hotspots-Serie einen Weg aufzeigen, die Natur ein wenig mehr zu genießen und nicht einfach nur zu konsumieren. Nachfolgend finden Sie sowohl Tipps, wie sie Helgoland optimal erreichen können, als auch Vorschläge zur Übernachtung, zur richtigen Kleidung und was sonst noch alles für einen spannenden Trip zu den Tausenden wild lebenden Tieren nötig ist.

Sobald Sie ihre Reisedaten kennen, sollten Sie sich um eine Unterkunft kümmern. Weil Helgoland in den letzten Jahren immer beliebter wurde und wegen des relativ kleinen Angebotes an Übernachtungsmöglichkeiten, sind günstige Zimmer oder Pensionen schnell ausgebucht. So ist es zum Beispiel notwendig, die Buchung der klassischen Bungalows auf der Düne spätestens im November vorzunehmen (Achtung: Übernachtungen sind nur im Sommer möglich!). Sicherer ist es aber, ein Jahr im Voraus zu planen! Die schnellsten Buchungswege sind das Internet und das Touristikbüro auf Helgoland (siehe Kapitel 14 »Touristikbüro«). Wer noch nicht genau weiß, ob er im Hotel, in einer Ferienwohnung oder in einer Pension übernachten möchte, der sollte sich die Broschüre »HELGOLAND IST INSELIGER« (das heißt wirklich so) bestellen (Bezug siehe Kapitel 14 »Kurverwaltung«).

Per Schiff bzw. mit dem Halunderjet erfolgt die Anreise im Sommer über Hamburg, Büsum, Wedel, Bremerhaven, Wilhelmshaven oder Cuxhaven. Achtung: im Winter ist Helgoland per Schiff nur von Cuxhaven aus erreichbar! Ganzjährige Linienflüge per Kleinflugzeug erfolgen über Heide/Büsum und Bremerhaven (Flugplatz auf der Düne). Wer möchte, kann auch mit seiner eigenen Cessna nach Helgoland fliegen.

Sommer: Für das ultimative Robinson-Gefühl unbedingt ein paar Tage im klassischen Bungalow buchen.

Winter: Um sich ein klein wenig als Helgoländer zu fühlen, geht nichts über eine kuschelige Ferienwohnung.

Zu den Fährhäfen reisen Sie am besten mit der Eisenbahn. Es ist nicht nur die umweltfreundlichste Reiseart, sondern auch die günstigste. Denn der Autoreisende muss in Cuxhaven mangels Parkmöglichkeiten seinen Wagen meist auf gebührenpflichtigen Plätzen abstellen. Diese kosten pro Tag 4 Euro!

Anreise nach Cuxhaven per Nachtreisezug. Ankunft morgens am Bahnhof, von dort fahren regelmäßig Busse zu den Fährhäfen. Abfahrt der Fähren immer vormittags.

Helgoland ist autofrei! Nur Polizei, Krankenwagen und Transporte sind per Auto unterwegs. Fahrräder sind ebenfalls verboten, Ausnahmen siehe oben. Also muss alles per pedes oder per (Dünen-)Fähre erledigt werden. Für Kinder ein Paradies, denn auf der Düne und im Unterland können sie sich völlig gefahrlos austoben. Gehbehinderte können viele Ziele erreichen, selbst auf der Düne (siehe Kapitel 14 »Rollstuhlfahrer«).

Auf Helgoland herrscht über das Jahr gesehen zwar ein recht mildes Klima, dennoch wird es bei starken Winden ordentlich kalt. Sommers wie winters ist festes Schuhwerk, eine winddichte Jacke und eine Kopfbedeckung empfehlenswert. Haben Sie etwas zu Hause vergessen? Kein Problem! Auf Helgoland finden Sie die richtige Kleidung und dies oftmals günstiger als auf dem Festland, da ja zoll- und mehrwertsteuerfrei! Im Sommer sind Bikini und Badehose Pflicht. Denn ein Bad in der Nordsee, zusammen mit neugierigen Robben, wird der Höhepunkt ihres Sommerurlaubs auf Helgoland sein!

Ein (Taschen-)Fernglas und eine Foto- oder Filmkamera gehören unbedingt in Ihr Reisegepäck. Wobei es keine Rolle spielt, ob Sie eine Handykamera oder eine Spiegelreflexkamera mitbringen. Wegen der geringen Scheu der Tiere werden Sie so oder so einmalige Aufnahmen mit nach Hause nehmen. Für das besondere Foto benötigen Sie allerdings eine Kamera mit Wechselobjektiven. In den einzelnen Touren-Kapiteln werden Sie Profitipps finden, wo und wie Sie die schönsten Motive fotografisch festhalten können.

Weitere Informationen, wie Literaturvorschläge oder auch die Abfahrtzeiten der Fähren, können Sie in den Kapiteln 14 und 15 schnell und unkompliziert nachschlagen.

4 Helgolands wechselvolle Geschichte

Am 18. April 1947 wurde versucht, mit einer Sprengung von 6.700 Tonnen Munition sämtliche militärischen Anlagen auf Helgoland zu vernichten, um so eine weitere Nutzung aus militärischer Sicht unmöglich zu machen. Es war die bis dahin größte nichtnukleare Sprengung der Menschheitsgeschichte und führte zu einer nachhaltigen Veränderung der Insel, aber glücklicherweise nicht zu deren Untergang!

Aber beginnen wir chronologisch.

Helgoland besteht aus Buntsandstein, der sich vor Hunderten von Millionen Jahren durch Ablagerungen verwitterten Gesteins in gewaltigen Mengen ansammelte und durch den Druck immer neuen Materials zu einem bis zu 1.000 Meter hohen Gebirge gepresst wurde. Das zeitweise tropische Klima in der Trias begünstigte die Verwitterung, so dass es durch Oxidation des im Gestein gelagerten Eisens und Aluminiums zu einer starken Rotfärbung des Buntsandsteins kam. In späteren Jahrhunderten lagerten sich zudem noch mächtige Kalk- und Muschelbänke ab, die später durch den Menschen abgebaut wurden.

Bis zur Weichsel-Eiszeit oder Würmeiszeit (die von 120.000 bis 10.000 Jahre vor Christus andauerte) war Helgoland noch mit dem europäischen Festland verbunden. Erst dann begann Helgoland sich infolge des Anstiegs des Meeresspiegels vom Festland zu lösen und eine Insel zu bilden.

Vor etwa 6.500 Jahren wurde die Landverbindung überflutet. Eine Besiedlung ist seit ca. dem 7. Jahrhundert durch Friesen belegt. Seit dem Mittelalter diente Helgoland auch immer wieder Piraten als »Schatztruhe«. Wobei der bekannteste unter ihnen, Klaus Störtebeker, die Insel als Stützpunkt nutzte, bis ein Hamburger Flottenverband ihn 1401 in einer Seeschlacht in der Nähe von Helgoland gefangen nahm.

Im Mittelalter begannen auch die ersten menschlichen Eingriffe. Und zwar wurde durch Bergbau vor allem Kupfer gewonnen. Reste eines Schmelzofens und Kupferbarrenfunde in den Gewässern um die Insel

Helgoland 1649, noch mit dem Wittekliff. Zu dieser Zeit gab es nur eine Insel.

herum bezeugen dies. Doch von Bedeutung war besonders der Muschelkalk- und Gipsabbau am sogenannten Wittekliff. Zur damaligen Zeit gab es nur eine Insel. Dieses Kliff, eine Kalkklippe, erreichte dieselbe Höhe wie der Buntsandstein. Zwischen den beiden Felsformationen (dem Buntsandstein und der Wittekliff) befand sich ein Damm, der aus weicheren Sandsteinen bestand. Der seit 1463 andauernde Abbau des sehr begehrten Kalkes trug maßgeblich dazu bei, dass die Insel mehr und mehr den Naturkräften ungeschützt ausgesetzt war. Dies hatte dramatische Auswirkungen. In einer ungeheuren Sturmflut im Jahr 1720 zerbrach die Insel in zwei Teile, indem der Rest des Wittekliffs einfach weggespült wurde. Aus den verbliebenen Klippen bildete sich eine zweite Insel: die Düne.

Auch politisch gab es manche Sturmflut zu bestehen. 1721 wurde Helgoland Bestandteil eines weitgehend einheitlichen Herzogtums Schleswig unter der dänischen Krone. 1807 besetzten britische Truppen die Insel und gliederten sie als Kolonie in das Vereinigte Königreich Großbritannien und Irland ein. Im Frieden von Kiel 1814 verblieb Helgoland bei den Briten.

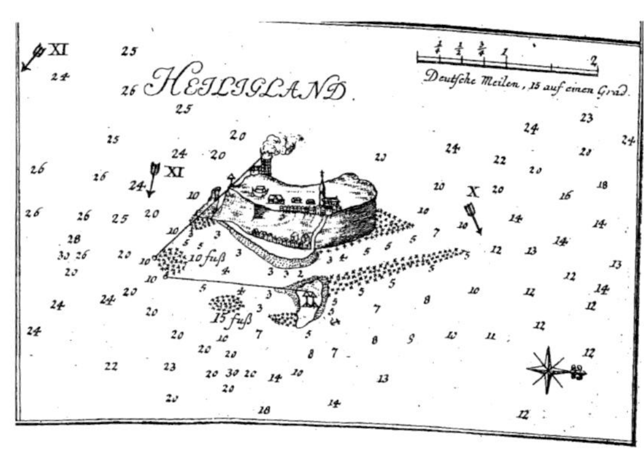

Nach der schweren Sturmflut zerbrach Helgoland in zwei Teile. Die Düne war geboren. Das Bild zeigt den Zustand im Jahre 1757.

ANSICHT VON HELGOLAND.
von der Sand-Insel.

Seit 1826 galt Helgoland als »très chic«. Ein Seebad für Prominente und Künstler.

J. A. Siemens gründete 1826 das Seebad Helgoland, welches sich im Laufe der Jahrzehnte zu einem beliebten Erholungsziel vieler Schriftsteller und Intellektueller entwickelte. Der Dichter Hoffmann von Fallersleben dichtete während eines Ferienaufenthalts auf Helgoland am 26. August 1841 das Lied der Deutschen auf die von Joseph Haydn 1797 komponierte Hymne für den römisch-deutschen Kaiser. 1890 ging Helgoland mit dem Helgoland-Sansibar-Vertrag vom Vereinigten Königreich an das Deutsche Reich über und wurde in die Provinz Schleswig-Holstein eingegliedert. Kaiser Wilhelm II. ließ Helgoland, das nahe der Mündung des damals neuerstellten, wirtschaftlich und strategisch wichtigen Kaiser-Wilhelm-Kanals (heute: Nord-Ostsee-Kanal) liegt, zu einem Marinestützpunkt ausbauen. Im Jahre 1903 begann der Bau einer Schutzmauer auf der stärker witterungs- und brandungsgefährdeten Westseite, die 1927 fertiggestellt war. Im weiteren Verlauf wurden auch der Norden und der Osten der Hauptinsel sowie die Düne in die Schutz- und Ausbaumaßnahmen einbezogen, die die Grundlage für die Schaffung des Nordost-Geländes und die stete Vergrößerung der Helgoländer Düne waren.

Mit Beginn des Ersten Weltkriegs 1914 wurde die Insel evakuiert. Erst nach Ende des Krieges 1918 durfte die Bevölkerung wieder zurückkehren. Aber mit diesem Krieg war der Grundstein für die militärische Nutzung der Insel gelegt. Das verbrecherische NS-Regime baute die Bunker und Hafenanlagen für ihre militärischen Zwecke weiter aus und besiegelte damit das Schicksal der Insel bis heute. Nach einem verheerenden Bombardement der britischen Luftwaffe am 18. April 1945, bei dem 1.000 britische Flugzeuge innerhalb von 104 Minuten etwa 7.000 Bomben abwarfen, war die Insel unbewohnbar. Glücklicherweise überlebten alle Bewohner in den Luftschutzbunkern. Doch wieder mussten die Einwohner ihre Heimat verlassen und wurden erneut evakuiert. In den Folgejahren nutzte die britische Luftwaffe Helgoland als Übungsziel. Von den Bombardierungen zeugen noch heute gewaltige Bombenkrater im Oberland. Dann kam der 18. April 1947.

Nach und nach versuchten nun die vertriebenen Helgoländer ihre Heimat von den Briten zurückzubekommen. 1948 wurden die Vereinten Nationen angerufen, dann folgten Appelle an den Papst, das britische Unterhaus und die neu gebildete Bundesregierung. Zwei Besonderheiten sollten die Briten schließlich umstimmen. Am 20. Dezember 1950 »besetzten« zwei Studenten (René Leudesdorff und Georg von Hatzfeld) die Insel und hissten die deutsche und die helgoländische Flagge sowie die Flagge der Europäischen Bewegung. Diese mutige Tat löste eine breite Bewegung zur Rettung Helgolands aus. Nachdem der Deutsche Bundestag im Januar 1951 einstimmig die Freigabe der Insel gefordert hatte, gaben die Briten am 1. März 1952 Helgoland wieder an die Bundesrepublik Deutschland zurück. Alle Heimatvertriebenen durften wieder auf ihre Insel zurückkehren. Seitdem ist der 1. März auf Helgoland ein Feiertag. Der zweite Grund der Inselrückgabe liegt vielleicht in der langen britischen Tradition der Vogelbeobachtung begründet. Denn zwischen 1807 und 1890, als Helgoland politisch zu England gehörte, wurde von Heinrich Gätke (geb. 1814 – gest. 1897), einem Maler und Sekretär des englischen Gouverneurs, aber vor allem einem vorzüglichen Vogelbeobachter, der Grundstein für die heutige Vogelwarte auf Helgoland gelegt. Schon seit Jahrhunderten brachte es die Lage der Insel mit sich, dass viele Vögel auf ihrem Flug von oder hin zu ihren Brutgebieten, besonders bei stürmischer See, eine Rast auf Helgoland einlegten. Dies erkannte Gätke und sammelte so viele Informationen, dass daraus das prächtige Buch »Die Vogelwarte Helgoland« wurde. Geschrieben in der zur damaligen Zeit typischen Prosa, die wir sonst nur noch von Brehm und später von Grzimek her kennen. An dieser Stelle soll nicht unerwähnt bleiben, dass auswärtige Ornithologen auch deshalb auf die rastenden Vögel aufmerksam wurden, weil sehr viele Vogelarten des Geschmackes wegen berühmt waren. Fielen im Frühling Tausende erschöpfte Schnepfen auf dem Eiland ein, so wanderten nicht wenige von ihnen in den Kochtopf. Die »Helgoländer Vogelsuppe« (sie enthielt u. a. Drosseln, Lerchen, Tauben, Kiebitze und Wachtelkönig) war unter Vogelkundlern auch ein Grund, nach Helgoland zu kommen. Somit war wohl die, auch heute noch intensiv betriebene, Vogelforschung

Die Lange Anna, das Wahrzeichen Helgolands, ist ein 47 m hoher, freistehender Buntsandsteinfelsen.

vielleicht ein weiterer Grund für die Briten, Helgoland nicht weiter zu zerstören und an Deutschland zurückzugeben. Nach dem Wiederaufbau der Infrastruktur der Vogelwarte wurde Gottfried Vauk 1956 Leiter derselben. Er war derjenige, der die Station international bekannt machte, indem er Kurse gab, Exkursionen anführte, Vorträge hielt und die (besonders in heutiger Zeit) so extrem wichtige Öffentlichkeitsarbeit vorantrieb. Aktuell ist die Vogelwarte leider weniger in der Öffentlichkeit vertreten. Es finden praktisch keine vogelkundlichen Führungen statt. Besonders während des Lummensprungs und der Brutzeit der Möwen auf der Düne böte sich dies ja an. Eine mögliche Einnahmequelle und Touristenattraktion geht damit verloren. Allerdings wird beinahe täglich eine Führung im Fanggarten angeboten und diese Führung ist ein Muss. Doch kommen leider nur die Übernachtungsgäste in den Genuss, den Wissenschaftlern einmal über die Schulter zu schauen, da die Führungen am späten Nachmittag stattfinden. Hervorzuheben ist der Verein Jordsand. Er bietet einige Führungen an, vor allem zu den Robben auf der Düne.

Wie schaut es derzeit auf Helgoland aus?

Nachdem 1962 Helgoland ein staatlich anerkanntes Nordseeheilbad wurde, entwickelten sich Fremdenverkehr und Kurbetrieb prächtig. Dazu kamen die Tagesgäste, die Schnaps, Zigaretten und Parfüm in großen Mengen einkauften. Die Welt schien in Ordnung und die Zukunft der Einwohner gesichert. Aber es gab und gibt einige dramatische Entwicklungen. Lebten 1939 noch annähernd 4.500 Menschen auf Helgoland (die Düne ist unbewohnt), so waren es 1980 nur noch 2.000. Im Jahr 2012 beträgt die Einwohnerzahl gar nur noch gut 1.100 Menschen. Auch bei den Besucherzahlen sieht es nicht besser aus. Kamen in den absoluten Hochzeiten bis zu 800.000 Gäste, so liegt aktuell die Zahl bei etwas über 300.000 Besuchern pro Jahr.

Diese negative Entwicklung rief Visionäre auf den Plan. Weil die Landflächen der Hauptinsel nur ca. 1 km² und die der Düne nur ca. 0,7 km² betragen, kam 2008 die Idee einer groß angelegten Neulandgewinnung auf. Eine etwa 1.000 Meter lange Spundwand sollte

Helgoland heute: eine moderne Insel, die ihresgleichen in der Nordsee sucht.

das Nordostgelände mit dem Weststrand der Düne verbinden und damit beide Inselteile wieder vereinigen. Die eigentliche Landgewinnung sollte über Spülschiffe erfolgen, die den – nur wenige Meter tiefen – Meeresarm zwischen Hauptinsel und Düne mit Sand aus der Nordsee aufgefüllt hätten. Durch die Landgewinnung (die laut einer Studie 80 Mio. Euro kosten würde) könnte u. a. die bestehende Landebahn des Flugplatzes verlängert werden, um größeren Linien- und Charterflugzeugen den Anflug zu ermöglichen und es könnten zusätzliche Ladengeschäfte und Hotels gebaut werden, mit dem Ziel, mehr Besucher nach Helgoland zu locken. So jedenfalls waren die Vorstellungen. 2010 wurde dieses Projekt unter Vorsitz des Pinneberger Landrats allerdings abgelehnt. Doch der Helgoländer Bürgermeister Jörg Singer (ein Unternehmensberater und Wirtschaftsingenieur) verfolgte diese Idee weiter, so dass es am 26. Juni 2011 auf Helgoland zu einem historischen Bürgerentscheid über die Inselvergrößerung kam. 55 % sprachen sich gegen eine Verbindung beider Inseln aus. Ein in wirtschaftlicher, finanzieller und ökologischer Hinsicht sicherlich weises Votum. Denn ich bin mir sicher, dass dadurch ein zweites Stuttgart 21 verhindert wurde.

Doch Visionäre geben nicht auf. Nun ist auf Helgoland eine Betriebsbasis für Wartung und Service mehrerer Offshore-Windparks in der Deutschen Bucht geplant. Dies soll mit dem Bau von 19 Windrädern vor Helgolands Küste einhergehen.

Dabei ist, beinahe unbemerkt von den Helgoländern, schon eine der größten Visionen Wirklichkeit geworden: Menschen und Tiere leben – ohne dass der Eine dem Anderen schadet – friedlich nebeneinander! Ich bin mir sicher, dass die Zukunft aller Helgoländer in den Robben, Lummen und Möwen liegt. Sie sind die Investition, nach der so lange gesucht wurde. Einer Investition, die keinen einzigen Euro gekostet hat und die doch mit Geld nicht aufzuwiegen ist.

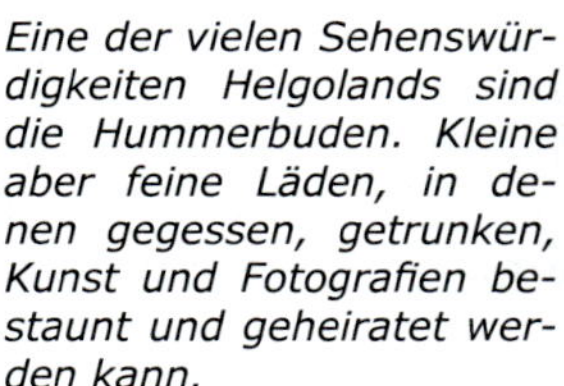

Eine der vielen Sehenswürdigkeiten Helgolands sind die Hummerbuden. Kleine aber feine Läden, in denen gegessen, getrunken, Kunst und Fotografien bestaunt und geheiratet werden kann.

5 Tour 1 – Die Robbentour

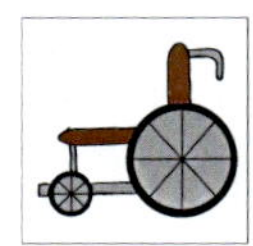

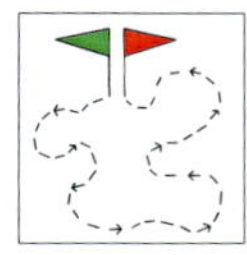

ca. 1,9 km
ca. 30–45 min

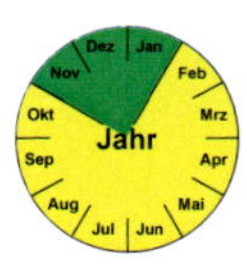

Ganzjährig geeignet für **Tagestouristen** und **Übernachtungsgäste**.

Die erste Tour führt uns auf die Düne der ca. 1 km von der Insel Helgoland entfernten Badeinsel. Uns erwartet hier südländisch anmutender, weißer Strand, der bei Ebbe weit in die Nordsee hineinreicht. Sowohl winters wie sommers treffen wir hier Kegelrobben und Seehunde an.

Von Helgoland geht es mit der Dünenfähre auf die Düne zum Dünenhafen. Dort angekommen gehen wir direkt links am Pier entlang geradewegs zum Nordstrand. Nun gehen wir ca. 1000 m immer weiter den Strand entlang bis zur Ostspitze. Dort wenden wir uns nach rechts, zu einer Ampel, die vor an- und abfliegenden Flugzeugen warnt. Über einen kleinen Sandhügel hinweg gehen wir dann auf einem befestigten Weg wieder Richtung Dünenhafen. Linker Hand kommen wir am Flugplatz und dem Flugplatzrestaurant vorbei. Rechter Hand finden wir das klassische Bungalowdorf, den Campingplatz und Strandhaferwiesen. Wieder am Hafen angekommen können Sie noch einen Blick in den Aufenthaltsraum werfen. Dort finden Sie aktuelle Broschüren und ein öffentliches WC.

Dünenfähre Abfahrtszeiten: Sommer: Regelfahrzeiten von April bis August von 8–21 Uhr, immer halbstündlich; Winter: Regelfahrzeiten von September bis März von 8–17 Uhr, nur stündlich! Siehe auch Kapitel 14 »Helgoland von A–Z«.

Gehbehinderte können sich kostenlos ein geländegängiges Dreirad mieten! Dennoch muss eine Begleitperson dabei sein. Siehe Kapitel 14 » Helgoland von A–Z«.

Das Besondere: Im Winter bringen die Kegelrobben auf der Düne ihre Jungen zur Welt.

Ausrüstung: Feste Schuhe, Regen- bzw. Windjacke, Feldstecher, Film- oder Fotokamera.

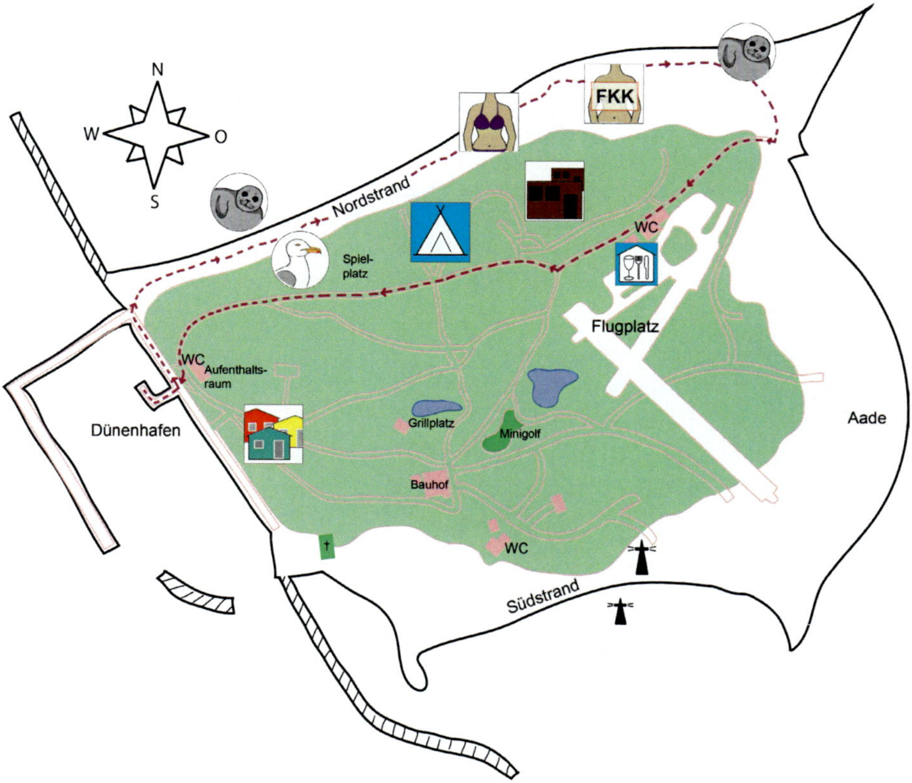

N
W
O
S
Nordstrand
FKK
Spiel-
platz
WC
Flugplatz
WC
Aufenthalts-
raum
Dünenhafen
Grillplatz
Minigolf
Aade
Bauhof
WC
Südstrand

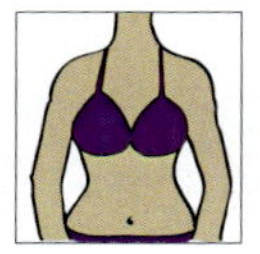

Badestrand

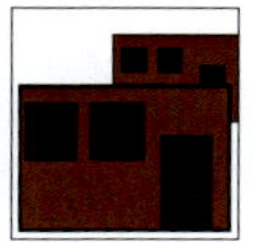

Klassische Bungalows

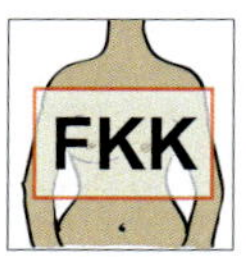

Badestrand FKK-Bereich

Komfort-Bungalows

Campingplatz

Restaurant

Das gibt es zu sehen

Diese Tour ist ein Muss für jeden Helgolandreisenden. Denn in den Wintermonaten bietet uns die Natur besonders am Nordstrand der Düne eines der fantastischsten Erlebnisse Europas. Hier bringen die Kegelrobben seit 1996 mit jährlich steigenden Geburtenraten ihre Jungen auf die Welt. Hier und am Oststrand der Düne lässt sich das Privatleben der Robben am eindrucksvollsten beobachten. Es gibt keinen anderen Ort in Europa, an dem Sie sich so sehr als Teil der Natur fühlen können.

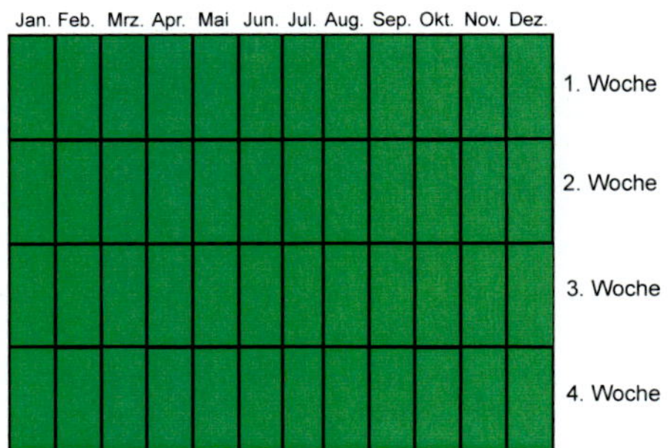

Optimale Beobachtungszeit für Kegelrobben (Halichoerus grypus, E: Grey seal) und Seehunde (Phoca vitulina, E: Harbour seal) auf der Düne.

Ein vier Wochen altes Kegelrobbenjunges – Bitte halten sie immer einen Abstand von 30 Metern zu den Robben ein.

Regelmäßig, aber deutlich seltener, können wir hier auch den Seehund antreffen. Er kommt zur Düne, um sich zu entspannen oder aber, wenn er krank ist. Die Seehundweibchen bekommen ihre Jungen ausschließlich auf abseits gelegenen und störungsfreien Seebänken in der Nordsee – und dies Mitten im Sommer.

Seehunde sind auf der Düne deutlich in der Unterzahl. Ein Unterscheidungsmerkmal von Seehunden und erwachsenen Kegelrobben ist, dass Seehunde einen (scheinbar) freundlicheren Gesichtsausdruck haben.

Da der Nordstrand aus feinem Sand besteht, können Sie sich im Sommer einfach an irgendeiner Stelle niederlassen und in aller Ruhe »Robbenwatching« betreiben und nebenbei ein Sonnenbad nehmen. Um das faszinierende Sozialverhalten der Tiere zu beobachten, sollten Sie sich etwas Zeit nehmen. Da im Sommer die Dünenfähre halbstündlich nach und von Helgoland pendelt (Fahrzeit ca. 5 Minuten), können sich auch Tagestouristen diese Auszeit gönnen. Im Winter lohnt es sich, vor allem wenn es kurz vorher gestürmt hat, nach Bernstein Ausschau zu halten. Im Spülsaum findet sich auch Allerlei anderes Strandgut. Am Ende dieses Kapitels stelle ich Ihnen einige der häufigsten Fundstücke vor.

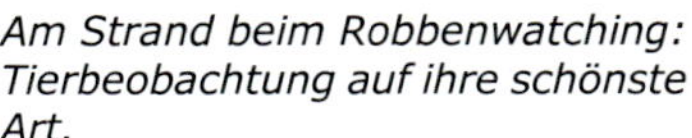

Am Strand beim Robbenwatching: Tierbeobachtung auf ihre schönste Art.

Schon mit einem 300 mm Objektiv werden Ihnen einzigartige Bilder gelingen. Doch ohne ein Stativ wird es schnell anstrengend und mühsam. Denn auch wenn es nicht so scheint, die Robben sind dauernd in Bewegung und die Motive ändern sich permanent. Außerdem haben Sie so mehr Muße, sich um die Bildgestaltung zu kümmern. Da sich meistens mehrere Robben zusammen sonnen und Sie vielleicht auch einmal ein einzelnes Tier ablichten möchten, müssen Sie zudem auf einen Moment warten, wo sich ein Tier etwas abseits der Gruppe aufhält. Nur dann werden Sie auch zu Porträtaufnahmen einer Robbe kommen. Achten Sie darauf, dass den Tieren die Sonne etwas in die Augen scheint, so zaubern Sie ein wenig Leben in die ansonsten völlig schwarzen Augäpfel der Robben und Seehunde!

Porträtaufnahmen sind mit ein wenig Geduld machbar. Hier schaut mir ein Kegelrobbenweibchen tief in die Augen.

Aus dem Leben der Kegelrobben

Im Winter kommen die Robben auf die Düne, um Freundschaften zu knüpfen, sich zu entspannen, sich fortzupflanzen und vor allem, um hier ihre Jungen auf die Welt zu bringen.

Die erste Robbenmutter ist auf der Düne angekommen. Im Hintergrund ist Helgoland zu sehen.

Dabei geht es den geschlechtsreifen Männchen (die über 3 m lang und über 300 kg schwer werden können) darum, mindestens ein Weibchen (sie werden höchstens 2,50 m lang und ca. 190 kg schwer) zu ergattern. Ältere, erfahrenere Männchen versuchen auch, einen Harem zu bilden. Da bleibt es nicht aus, dass neidische Konkurrenten ab und zu ihre Kräfte mit dem Haremsbesitzer messen möchten. Die teilweise blutigen Kämpfe gehen aber in der Regel ohne schwerere Verletzungen zu Ende. Der Sieger kann sich übrigens nicht sicher sein, dass er sich mit den Weibchen wirklich paaren kann. Denn die Damen haben zum einen kein Problem damit, sich mit mehreren Männchen zu paaren, und zum anderen bilden sich schon in den Jahren, bevor sie die Geschlechtsreife erlangen, regelrechte Jugendlieben. Schon ein Jahr nach ihrer Geburt kommen Männchen und Weibchen wieder auf die Düne und albern, gleich unseren Teenies, in Ufernähe herum. Da kann aus Zuneigung schnell eine Bindung auf Jahre hinaus entstehen. Ich konnte einige Paare beobachten, die sich weit auf die Düne zurückzogen und dort den ganzen Winter in friedlicher Eintracht verbrachten. Hat das Weibchen das Junge geworfen, wird zwei, drei Wochen nach der Geburt Hochzeit mit dem langjährigen Partner gefeiert. Dabei dauert die Paarung oft sehr lange, bis zu einer Stunde kann sie dauern. Bei Haremsweibchen und alleinstehenden Weibchen dauerte die Paarung immer nur wenige Minuten. Beide Geschlechter nehmen während der Paarungszeit keine Nahrung, die normalerweise aus Fisch besteht, zu sich. So nehmen die Weibchen, die vier Wochen lang ihr Junges säugen, ungefähr 3,8 kg pro Tag ab! Im Gegenzug wird aus dem 5 kg schweren Neugeborenen ein bis zu 50 kg schwerer, wohlgenährter runder Klops, der, nachdem das weiße, kuschelige Fell gegen ein wasserdichtes getauscht wurde, auf sich allein gestellt in der Nordsee ziemlich bald auf Fischfang gehen muss. Bis sich die Robben dann spätestens im folgenden Jahr wieder auf der Düne treffen werden.

Nur noch wenige Stunden, dann ist die Schwangerschaft vorbei.

Und schon ist es soweit: Mutter und Kind sind zwar erschöpft, aber gesund. Und das ist ja das Wichtigste.

Nicht mehr lange und das Robbenjunge wird sein weißes Jugendkleid verlieren und im Meer nach Fischen suchen müssen.

Der Kampf der Bullen um ein Weibchen ist spektakulär. Die Wunden sehen aber schlimmer aus, als sie sind. Die dicke Fettschicht bewahrt die Rivalen vor wirklich ernsthaften Verletzungen.

Die Belohnung für ein anstrengendes Männerleben: die Paarung mit einem Weibchen.

Auch wenn die Tiere fast völlig die Scheu vor uns Menschen verloren haben, sollten Sie sich bewusst sein, dass sie trotz allem die größten Raubtiere Deutschlands sind!

Welche Tiere gibt es noch?

Neben den Robben und Seehunden tummeln sich winters wie sommers noch viele Vogelarten am Strand und in den nahe gelegenen Sanddünen. Nachfolgend eine kleine Auswahl:

In den Monaten Juni und Juli können wir auf dem Rückweg zur Fähre den Möwen beim Brüten in den Dünen und den Strandhaferflächen zuschauen (gegenüber dem Flugplatz). Lassen Sie sich Zeit und richten Sie Ihren Blick auch immer wieder einmal unter die Sträucher und Büsche am Wegesrand! Am Strand finden Sie die markanten Fußabdrücke der Möwen.

Der Austernfischer fällt vor allem im Sommer durch seine lauten, durchdringenden Rufe auf.

Leider immer seltener werdend, ist der Sandregenpfeifer nur noch ein gelegentlicher Sommergast. Seine Bruten werden oft durch die auf der Düne fahrenden Bagger zerstört.

Eiderenten sind sommers wie winters auf der Düne anzutreffen, wo sie auch brüten. Fußball spielende Kinder stören sie nicht im Geringsten.

Tafel 1: Strandgut

1 Tintenfischschulp, 2 Bernstein, 3 Wattwurmhaufen, 4 Seeigel, 5 Qualle, 6 Rochenei, 7 Feuersteine (rote und normale), 8 Seestern

6 Tour 2 – Die Bergtour

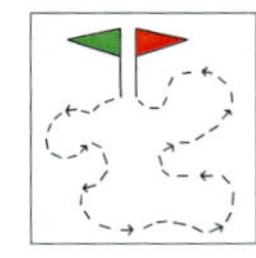

ca. 1,9 km
ca. 30–45 min

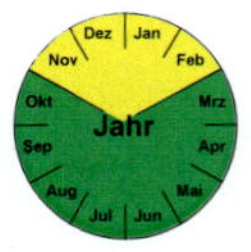

Geeignet ganzjährig für **Tagestouristen** und **Übernachtungsgäste**.

Die zweite Tour führt uns ebenfalls auf die Düne. Sie widmet sich mehr dem Inneren der Badeinsel, einem Teil, der von vielen Besuchern mangels Informationen erst gar nicht besichtigt wird. Aber gerade hier ist ein Paradies für Vogelfreunde, in dem Sie täglich neue Vögel entdecken können!

Von Helgoland geht es mit der Dünenfähre auf die Düne zum Dünenhafen. Dort gehen Sie direkt rechts am Pier entlang am neuen, sehr farbigen Bungalowdorf vorbei zum Südstrand, wo der befestigte Weg in weichen Sand übergeht. Gehen Sie weiter bis zum Dünenrestaurant auf der linken Seite (dort ist auch ein WC). Vor dem Restaurant stehend gehen Sie links daran vorbei und folgen einem etwas versteckt laufenden, sandigen Dünenweg einen kleinen Hügel hinauf (ca. 30 m vom Restaurant entfernt). Dann geht es diesen Weg weiter bis zu einer »Kreuzung«, wo Sie sich links halten und auf den Bauhof zugehen (dort angekommen, lohnt sich ein kleiner Abstecher zu einem Süßwasserteich). Nun geht es scharf rechts und nach einigen Metern erreichen Sie den höchsten Berg der Düne: Jonnys Hill. Gehen Sie den eingeschlagenen Weg (rechter Hand kommt noch ein Teich, an dem es sich ebenfalls zu verweilen lohnt) weiter bis zum Ende (vor Ihnen liegt der Flugplatz), in einer Linkskurve geht es dann zurück zur Fähre.

Wieder am Hafen angekommen, können Sie noch einen Blick in den Aufenthaltsraum werfen. Dort finden Sie aktuelle Broschüren und ein öffentliches WC.

Dünenfähre Abfahrtszeiten: Sommer: Regelfahrzeiten von April bis August von 8–21 Uhr, immer halbstündlich; Winter: Regelfahrzeiten von September bis März von 8–17 Uhr, nur stündlich! Siehe auch Kapitel 14 »Helgoland von A–Z«.

Für Gehbehinderte und Kinderwagen ist dieser Weg nicht zugänglich.

Das Besondere: Vom Aussichtshügel haben Sie einen fantastischen Blick über die Düne und auf Helgoland.

Ausrüstung: Feste Schuhe, Regen- bzw. Windjacke, Feldstecher, Film- oder Fotokamera, Vogelbestimmungsbuch.

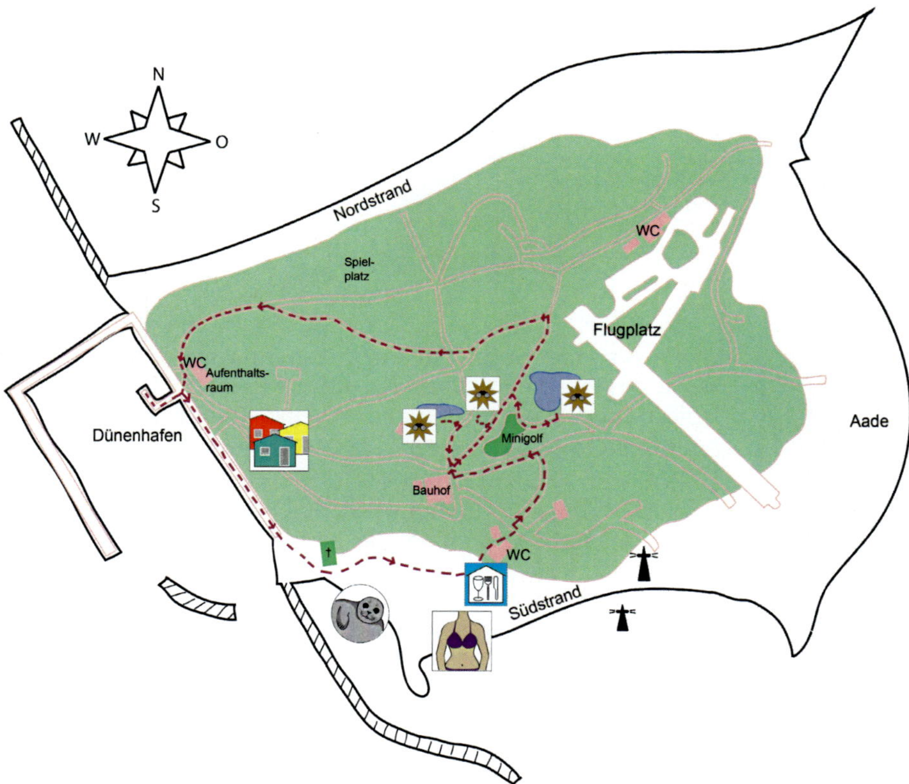

Das gibt es zu sehen

Diese Tour gehört zu den abwechslungsreichsten Touren auf der Düne. Sie können hier Strand, typische Dünenpflanzen, Vögel, Kegelrobben, Seehunde und vielleicht sogar ein Kaninchen beobachten. Da der Weg an sich nicht sehr lang ist, bleibt Ihnen viel Zeit zum Beobachten, die Sie sich nehmen sollten. Sie werden erst nach längerer Beobachtung das eine oder andere Tier entdecken. Gönnen Sie sich einen ersten Halt beim Restaurant (in der Regel übrigens nur im Sommer geöffnet). Dort auf der Terrasse haben Sie einen wundervollen Blick auf das Meer und seine Tiere. Mit ein wenig Glück kommt Sie auch ein Austernfischer besuchen.

Austernfischer nutzen gerne den Service des Dünenrestaurants.

Wenn Sie den Strand erreicht haben, warten Sie eine Weile am Pier und achten Sie auf die Robben. Denn dort treffen und balgen sich die »Teenie-Robben«. Manch neugierige Kegelrobbe wird sogar auf Sie zukommen.

Wie auf der andern Seite der Düne, so ist auch am Südstrand ein Teil zum Baden frei gegeben. Wenn Sie genügend Zeit haben, gönnen Sie sich das Vergnügen, mit den Robben zu schwimmen. Verfolgen Sie diese aber nicht – mit ein wenig Glück kommt eine zu Ihnen geschwommen und schaut Sie mit ihren großen Kulleraugen an.

Am Südstrand tummeln sich die Jungrobben und knüpfen erste zarte Bande.

Dieses Weibchen hatte ich schon fotografieren können, als es noch ein Säugling war. Eines Tages, im Jahr darauf, kam sie plötzlich zu mir geschwommen und schaute mich mit großen Augen an. Ganz so, als ob sie mich wiedererkannt hätte.

Austernfischer werden Ihnen überall begegnen. Sie fallen durch ihre durchdringenden Rufe auf. Im Sommer führen sie ihre Jungen quer durch die am Strand liegenden Badegäste. Ein köstliches und putziges Erlebnis für Jung und Alt. Dann haben sogar Handybesitzer die Chance auf ein tolles Naturfoto!

Am Strand bekommt jeder die Chance auf sein Naturfoto.

Möwen sind bekannt dafür, dass sie schlau genug sind, bei einem Menschen nach etwas Essbarem zu suchen. Es kann also sein, dass Sie nach einem Bad in der Nordsee weniger Essen auf Ihrem Handtuch vorfinden werden!

Wenn Sie den Strand verlassen und das Dünenrestaurant hinter sich gelassen haben, finden Sie nach kurzer Zeit, nördlich vom Bauhof gelegen, den ersten von zwei Süßwasserteichen vor. Sie wurden vor langer Zeit angelegt, um die Trinkwasserversorgung auf Helgoland sicherzustellen. Heute freuen sich Enten und Zugvögel auf dieses Wasser. An diesem Teich besteht auch die Möglichkeit für ein Grillpicknick.

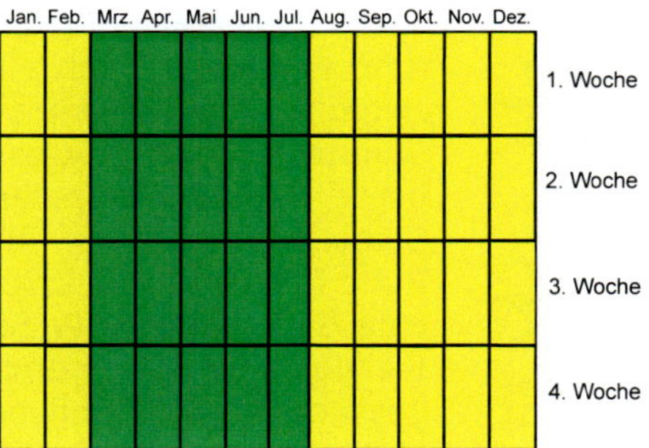

Optimale Beobachtungszeit für den Austernfischer auf Helgoland und der Düne.

Aber unser Hauptziel ist Jonnys Hill, der in Sichtweite des Teiches liegt. Dieser Hügel wurde aufgeschüttet, um dem Namensgeber einen Rundumblick auf Helgoland und die Düne zu verschaffen. Es ist die höchste Erhebung auf der Düne und bietet tatsächlich einen prächtigen Blick auf Lage und Sehenswürdigkeiten der Düne. Verweilen Sie einen Moment dort oben, denn nirgendwo werden Sie sich »inseliger« fühlen als dort. Versprochen!

Die Panoramasicht auf Jonnys Hill: links der Flugplatz, in der Mitte ein Minigolfplatz, am Horizont der Leuchtturm vom Südstrand, rechts der Bauhof.

Von Jonnys Hill können Sie mit Ihrer Kamera fantastische Panoramabilder machen. Alle, die eine Bildbearbeitungssoftware wie Photoshop besitzen, müssen einfach drei oder vier Bilder machen und diese dann mit der Funktion Photomerge zusammenstellen lassen. Die Brennweite sollte 20–25 mm betragen. Natürlich hilft ein Stativ, um den Horizont immer an der gleichen Stelle zu haben.

Wenn Sie Jonnys Hill verlassen, wenden Sie sich in Richtung Flugplatz. Nach einigen Metern erreichen Sie den zweiten Teich. Dieser bietet immer (im Winter und im Sommer) einige interessante Vögel. So konnte ich dort bspw. Fichtenkreuzschnabel, Silberreiher und einen Singschwan mehrere Tage lang beobachten und in aller Ruhe fotografieren. Direkt an diesem Teich befindet sich eine Bank mit bester Sicht auf das Geschehen. Lassen Sie sich dort nieder und warten Sie ab, bis sich die aufgescheuchten Möwen beruhigt haben. Erst wenn Ruhe eingekehrt ist, werden sich auch andere Tiere zeigen.

Auf dem Rückweg haben Sie den Flugplatz vor sich. Wenn Sie dann einem scharfen Linksknick folgen, kommen Sie wieder zurück zur Dünenfähreanlegestelle.

Die Möwen nutzen das Süßwasser im Teich zum Trinken und Baden

Aus dem Leben der Austernfischer

Wissenschaftlich lautet der Name des Austernfischers »*Haematopus ostralegus*«. Das bedeutet sehr passend »blutroter Fuß« (*Haematopus*) und weniger passend »Austernsammler« (*ostralegus*). Denn der Austernfischer frisst eigentlich keine Austern, vielmehr ist sein messerförmiger Schnabel besonders zum Öffnen zweischaliger Weichtiere wie Herz- und Miesmuscheln geeignet. Zumeist stochert er auch sehr erfolgreich nach Wattwürmern. Dabei lässt er sich am Strand auf der Düne sehr gut beobachten.

Auf helgoländisch wird er »Liiew« genannt. Wohl seinem sehr durchdringenden Ruf angelehnt, der lautmalerisch mit »kwickkwickkwick« beschrieben wird. Der Vogel ist häufig an der Nordsee anzutreffen und ist regelmäßiger Brutvogel auf der Düne. Die Jungenaufzucht lässt sich beinahe mühelos auf dem Strandtuch liegend beobachten und fotografieren. Im März beginnen sich die Austernfischer zu paaren und bebrüten zwei bis vier Eier in einem Bodennest. Nach fast einem Monat schlüpfen die Jungen und verlassen als typische Nestflüchter sofort den Brutplatz und folgen ihren Eltern überallhin. Diese versorgen sie beinahe permanent mit Nahrung. Dennoch sind die Jungen erst nach fünf Wochen in der Lage zu fliegen und die Kleinen müssen zumeist ab dann selber auf Nahrungssuche gehen. Für Naturfotografen und Naturliebhaber sind Austernfischer ein Glücksfall. Sie sind vorwiegend tagaktiv und haben auch keine Probleme mit uns Menschen. Wer länger auf Helgoland verweilt, der sollte sich unbedingt ein paar Tage den putzigen »Aussies«, wie sie auch genannt werden, widmen.

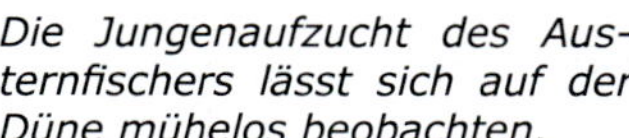

Die Jungenaufzucht des Austernfischers lässt sich auf der Düne mühelos beobachten.

Je älter die jungen Aussies werden, desto mehr verlieren sie ihre Scheu und man kann schon mit einem 300-mm-Objektiv zu ansprechenden Familienaufnahmen kommen. Der beste Weg zu einem guten Austernfischerbild ist, sich am Abend am Südstrand hinzusetzen. Und zwar bei Ebbe an die zu erwartende Flutkante. Wenn die Austernfischer ihre Jungen füttern, patrouillieren sie den Strand auf und ab und folgen dabei dem Saum der kommenden Flut. So näheren sich die Tiere Ihnen von ganz alleine, ohne dass Sie die Vögel in irgend einer Art stören.

Welche Tiere gibt es noch?

Mit einem Fernglas, einem Vogelbestimmungsbuch und genug Muße werden Sie viele Vögel entdecken können. Manche sind in den Büschen auf Nahrungssuche, andere am Meer und wieder andere überfliegen die Insel einzeln oder in größeren Trupps. Auch als Tagestourist können Sie etwas länger auf der Düne bleiben. Am besten fahren Sie dann direkt nach der Ankunft auf Helgoland zur Düne weiter. Einkaufen können Sie ohne Probleme, wenn Sie wieder zurück zur Festlandsfähre gehen. Sie kommen auf dem Weg dorthin an mehreren Geschäften vorbei. Übernachtungsgästen empfehle ich, die Umgebung des Dünengolfplatzes und des Bauhofs (besonders im Sommer) näher anzuschauen. Da dort immer Menschen sind, haben die Vögel eine relativ geringe Fluchtdistanz.

Tafel 2: Tiere im Inneren der Düne

1 Fichtenkreuzschnabel, 2 Silberreiher, 3 Graureiher, 4 Singschwan, 5 Blässhuhn (= Blässralle), 6 Steinwälzer, 7 Schleie, 8 Kaninchen

7 Tour 3 – Die Möwentour

Geeignet (im Sommer) für **Tagestouristen** und **Übernachtungsgäste**.

Die dritte Dünentour gilt den Silber- und den Heringsmöwen. Ein wenig Mut gehört allerdings zum Besuch der Kolonie dazu. Denn kommen Sie den Tieren zu Nahe oder tragen Sie Kleidung, die den Vögeln nicht gefällt, haben sie eine sehr unangenehme Art, dies zum Ausdruck zu bringen.

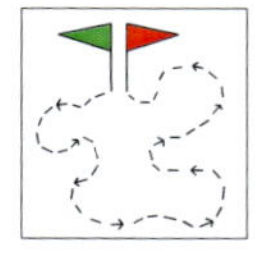

ca. 1,9 km
ca. 30–45 min

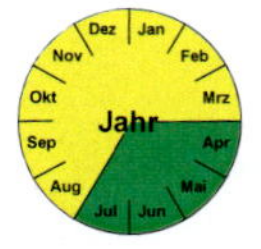

Von Helgoland geht es mit der Dünenfähre auf die Düne zum Dünenhafen. Dort angekommen, gehen wir links am Aufenthaltsgebäude (in dem sich auch ein WC befindet) vorbei. Auf einem befestigten Weg passieren wir linker Hand zuerst eine mit Gras bewachsene Dünenlandschaft und kommen dann nach ca. 400 m am Abenteuerspielplatz, am Campingplatz und schließlich am klassischen Bungalowdorf (alles linker Hand) und dem Flugplatz (rechter Hand) vorbei. Nach wenigen Metern treffen wir auf eine Sanderhebung, die wir überqueren. An der Flugplatzampel halten wir uns rechts und gehen auf dem Dünenweg, bis sich dieser gabelt. Dort gehen wir links dem Meer entgegen, bleiben aber auf dem Weg. Nach ca. 200 m ist die Möwenkolonie erreicht (vor Ihnen liegt ein Kieselstrand, Aade genannt). Wir halten uns rechts, immer auf dem Weg bleibend, und gehen dann bei der ersten Möglichkeit rechts. Links verläuft ein kleiner Holzzaun und vor uns befindet sich der Flugplatz. Am Zaun des Flugplatzes gehen wir nach rechts und kommen schließlich wieder zum Sandhügel, wo wir nach links gehen und zur Anlegestelle der Dünenfähre zurückkehren.

Dünenfähre Abfahrtszeiten: Sommer: Regelfahrzeiten von April bis August von 8–21 Uhr, immer halbstündlich; Winter: Regelfahrzeiten von September bis März von 8–17 Uhr, nur stündlich! Siehe auch Kapitel 14 »Helgoland von A–Z«.

Für Gehbehinderte und Kinderwagen nicht geeignet.

Das Besondere: wenn Sie sich ruhig verhalten, können Sie den Möwen bei ihrer Jungenaufzucht »über die Schulter« schauen.

Ausrüstung: Feste Schuhe, Regen- bzw. Windjacke, Feldstecher, Film- oder Fotokamera.

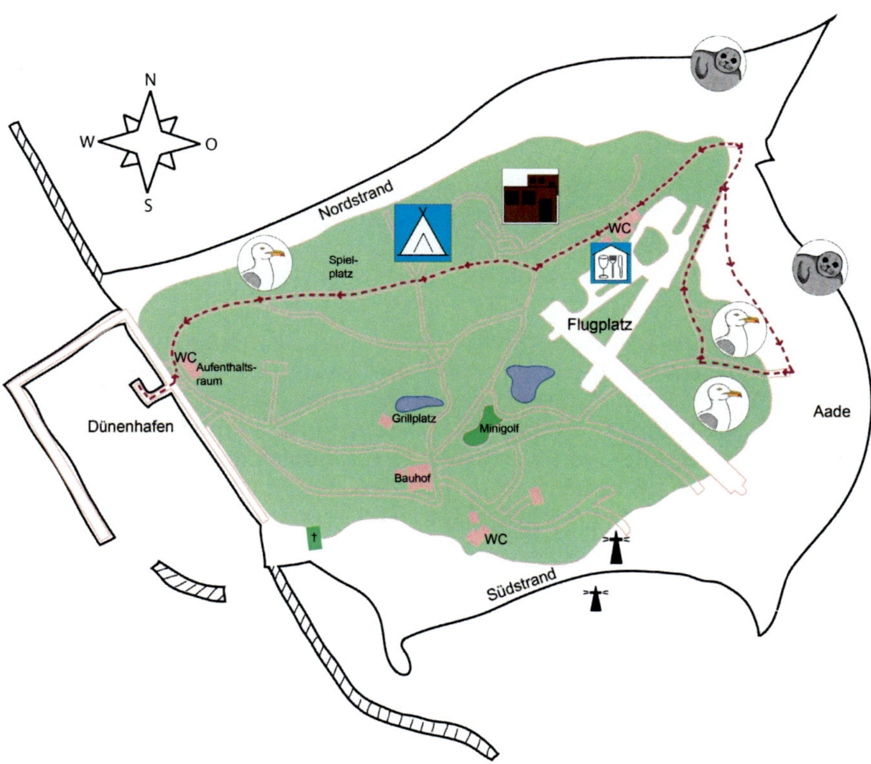

Das gibt es zu sehen

Auf unserer Möwentour steht das spektakuläre Brutgebiet der Silber- und Heringsmöwen im Mittelpunkt. Nachdem Sie den sehr bequemen, weil asphaltierten Weg zum Ostteil der Düne geschafft haben, geht es auf feinem Sand weiter, der leider für Rollstuhlfahrer und Kinderwagen schlecht bis gar nicht zu bewältigen ist. Die ersten Sehenswürdigkeiten sind übrigens keine Tiere, sondern Verkehrsampeln, die vor an- und abfliegenden Flugzeugen warnen. Hier ist mal ein Motiv zu empfehlen, das zu Hause ungläubiges Staunen hervorrufen wird.

Mit dem Erreichen der Aade (das ist der kiesige Oststrand der Düne) haben Sie auch die Möwenkolonie vor bzw. hinter sich. Bitte bleiben

Immer wieder unglaublich, wie nah einige Möwen ihre Nester an die Wege bauen.

Im Laufe der Brutsaison gewöhnen sich die Möwen an die neugierigen Menschen und halten uns nicht mehr für Eierdiebe.

Sie immer auf dem deutlich erkennbaren Weg. Schon von dort aus werden Sie faszinierende Einblicke in das Leben der Möwen bekommen. Denn sie brüten teilweise nur wenige Zentimeter vom Wegesrand entfernt und verlassen das Nest auch immer nur kurz, wenn Besucher vorbei gehen.

Je länger die Brutsaison dauert, desto weniger scheu reagieren die Vögel. Doch ich möchte nicht unerwähnt lassen, dass vereinzelte Möwen sehr ungehalten darauf reagieren, wenn sie sich bedrängt fühlen. Zuerst stoßen sie einen sehr hohen Warnruf aus, dann stoßen sie im Sturzflug auf den vermeintlichen Nesträuber hinab und schließlich »feuern« sie eine Ladung ihres Darminhalts (mit einer sehr hohen Trefferquote!) auf den zumeist nun völlig verunsicherten Spaziergänger ab.

Wenn Sie die Brutkolonie erreicht haben, dann gehen Sie ohne hektische Bewegungen und nicht zu nahe an den Nestern vorbei. Sie können auch stehen bleiben. Merken Sie aber, dass die Vögel unruhig werden (sie verlassen ihre Nester und trippeln umher), genügt es oft, wenn Sie sich 4–5 m von den Nestern entfernen. Die Vögel beruhigen sich in der Regel recht schnell, so dass Sie in Ruhe weiter beobachten können.

In der Brutkolonie können Sie zwei Möwenarten beim Brüten zuschauen. Dies sind die Heringsmöwe, die mit ca. 500 Brutpaaren vertreten ist, und die Silbermöwe, die mit ca. 130 Brutpaaren deutlich seltener ist. Und wenn Sie die Möglichkeit haben, die Kolonie längere Zeit zu beobachten, dann entdecken Sie vielleicht auch ein paar mutige Austernfischer unter der Möwenschar.

Aussehen der erwachsenen Heringsmöwen zur Brutzeit: groß, mit weißem Kopf und grauer, dunkelgrauer oder schwarzer Oberseite. Schnabel gelb mit einem roten Fleck. Beine leuchtend gelb.

Hat schöne gelbe Beine: eine Heringsmöwe.

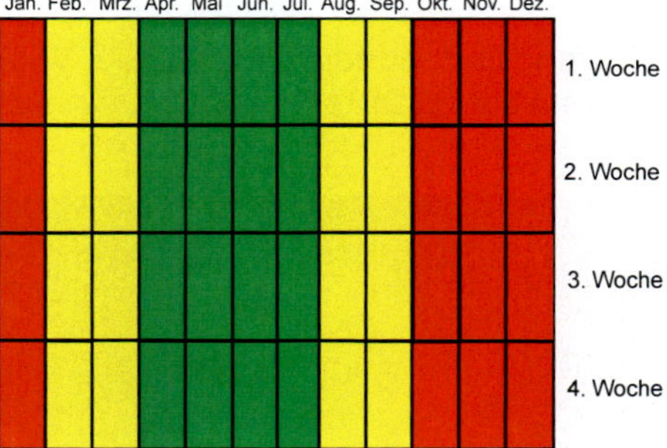

Optimale Beobachtungszeit für die Heringsmöwe (Larus fuscus, E: Lesser Black-backed Gull) auf der Düne.

Aussehen der erwachsenen Silbermöwen zur Brutzeit (sie ist unsere bekannteste Möwenart): groß, mit weißem Kopf und grauer oder hellgrauer Oberseite. Schnabel gelb mit einem roten Fleck. Beine hellrosa.

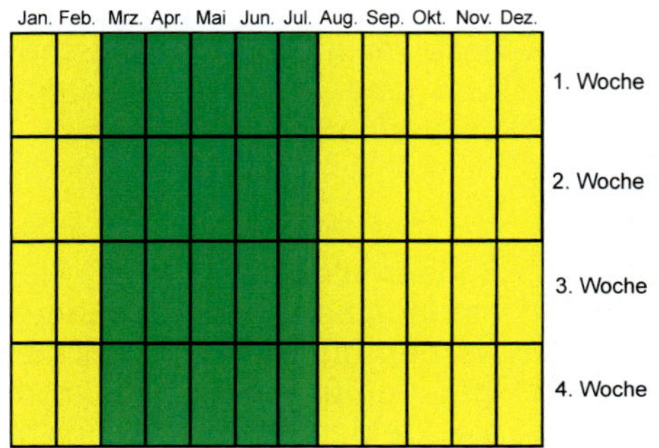

Optimale Beobachtungszeit für die Silbermöwe (Larus argentatus, E: Herring Gull) auf der Düne.

Eine Silbermöwe (im Vordergrund) und zwei Heringsmöwen (im Hintergrund) im direkten Vergleich.

An der Aade lassen sich sehr leicht Flugaufnahmen von den Möwen machen. Abgesehen von einer Spiegelreflexkamera benötigen Sie entweder ein leichtes Telezoom (z. B. 70–200 mm) oder aber eine Festbrennweite (200 oder 300 mm). Natürlich ist hier der Einsatz eines Statives nicht sinnvoll, da die Tiere über Sie hinwegfliegen. Stellen Sie an Ihrer Kamera, wenn möglich, auf das kleinste Autofokusmessfeld (Einzelfeldsteuerung) ein und richten Sie das Messfeld immer auf den Kopf des fliegenden Vogels, damit die Augen scharf abgebildet werden. Dazu ist einige Übung nötig.

Aus dem Leben der Heringsmöwen

Möwen sind äußerst attraktive Vögel, die für Naturfotografen und wissenschaftlich Interessierte ein ideales Betätigungsfeld bieten.

Die Möwen sind ausdauernde Rufer; Stille herrscht in der Brutkolonie praktisch nie.

Heringsmöwen lassen keine Langeweile aufkommen und wenn Sie die Zeit haben, lohnt es sich, sie länger bei ihrem Brutgeschäft zu beobachten. Schon bei den Eiern beginnt es interessant zu werden. Ein mittleres Hühnerei, welches wir uns zum Frühstück genehmigen, wiegt um die 60 g, ein Möwenei wiegt durchschnittlich beinahe 80 g! Schon diese Tatsache lässt den Schluss zu, dass wir mit den Heringsmöwen eine wirklich imposante Erscheinung vor uns haben.

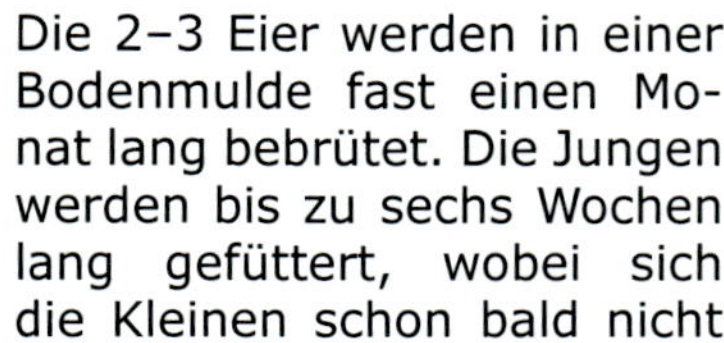

Die 2–3 Eier werden in einer Bodenmulde fast einen Monat lang bebrütet. Die Jungen werden bis zu sechs Wochen lang gefüttert, wobei sich die Kleinen schon bald nicht

Heringsmöwen mögen es beim Brüten etwas versteckter als die Silbermöwen.

Wenige Tage alte Heringsmöwenküken sind extrem niedlich. Das eiweißreiche Futter lässt sie aber rasend schnell wachsen.

mehr nur im Nest aufhalten, sondern auch die Nachbarschaft erkunden. Übrigens: Kehrt ein Elterntier zum Nest zurück, picken die Küken sofort auf den roten Punkt am Schnabel, was den Vogel dazu animiert, die mitgebrachte Nahrung hervorzuwürgen. Dies sind teilweise riesige Brocken, bei denen ich mich immer wieder gefragt habe, wie diese der Vogel überhaupt hat herunterschlucken können.

Die Heringsmöwen sind exzellente Flieger, die ihre Nahrung (Würmer, Insekten, Krebse und Krabben, Aas und natürlich Fische) durch Stoßtauchen erbeuten oder dadurch, dass sie anderen Möwen deren Futter abjagen. Zudem haben sie keine Angst davor, in unsere Städte einzudringen und beim Menschen Mundraub zu begehen. Auf Helgoland und der Düne lauern sie – Geiern gleich – auf Pommes, gebackenen Fisch oder irgendeinen anderen essbaren Happen.

Bei dem vorne stehenden Jungen lässt sich erahnen, dass ein Taschenkrebs schon einmal quer gefressen werden kann.

Welche Tiere gibt es noch?

Regelmäßig streifen Elstern und Nebelkrähen in der großen Kolonie umher, in der Hoffnung, das eine oder andere Ei oder noch lieber ein frisch geschlüpftes Möwenjunges zu ergattern. Es gelingt ihnen nicht oft, denn die Möwen sind sehr aufmerksame Eltern.

Ein sehr seltener Anblick: zwei geraubte und aufgehackte Möweneier.

Im Winter nehmen die Kegelrobben und Seehunde die Plätze der Möwen ein. Sie sind zwar auch im Sommer anwesend, aber dann gehen sie niemals so weit ins Landesinnere. An der Aade, die in Sichtweite der Kolonie liegt, werden Sie aber immer einige Robben finden.

Mit ein wenig Glück lässt sich zwischen Flugplatzzaun und dem Kiesstrand der Sandregenpfeifer beobachten, und natürlich besteht auch hier für die Besucher die Möglichkeit, täglich neue und unerwartete Vogelarten zu entdecken!

Ein Robbenjunges, welches mitten in der Möwenkolonie liegt – aber im Winter natürlich ohne brütende Möwen. Im Hintergrund rechts ist der Flugplatz zu erkennen.

Tafel 3: Krebse

1 Nordische Seespinne (Panzer bis 11 cm), 2 Taschenkrebs (auf Helgoland »Knieper« genannt, Panzer bis 20 cm), 3 Strandkrabbe (Panzer bis 8 cm), 4 Hummer (Panzer über 30 cm), 5 Gemeine Seepocke auf Miesmuschel, 6 Große Seepocke auf Miesmuschel

8 Tour 4 – Die große Dünentour

Geeignet für **Übernachtungsgäste**.

Die letzte Dünentour führt uns einmal komplett um die Düne herum. Sowohl im Winter als auch im Sommer lohnt sich diese Tour – auch mehrmals!

Von Helgoland geht es mit der Dünenfähre auf die Düne zum Dünenhafen. Dort angekommen, gehen wir direkt links am Pier entlang geradewegs zum Nordstrand. Nun gehen wir ca. 1000 m weiter den Strand entlang bis zur Ostspitze. Dort wenden wir uns nach rechts, immer am Strand entlang zur Aade, machen einen kleinen Schwenk nach rechts zur Möwenkolonie und gehen dann wieder hinunter zum Strand der Aade, bis zur Südostspitze der Düne. Dann geht es an der Landebahn des Flugplatzes vorbei weiter Richtung Westen, ca. 1 km weit. Dabei kommen wir am Dünenrestaurant (rechter Hand) vorbei und treffen schließlich wieder auf einen befestigten Uferweg, der uns mit dem Blick auf Helgoland belohnt. Auf diesem Weg geht es zurück zur Dünenfähreanlegestelle.

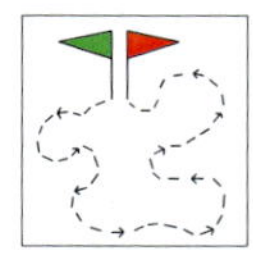

ca. 3,1 km
ca. 60–120 min

Dünenfähre Abfahrtszeiten: Sommer: Regelfahrzeiten von April bis August von 8–21 Uhr, immer halbstündlich; Winter: Regelfahrzeiten von September bis März von 8–17 Uhr, nur stündlich! Siehe auch Kapitel 14 »Helgoland von A–Z«.

Für Gehbehinderte und Kinderwagen nicht geeignet.

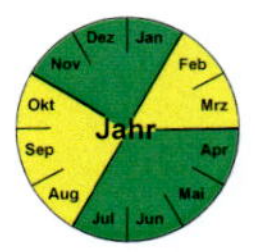

Das Besondere: Diese Tour ist immer und zu jeder Jahreszeit absolut lohnenswert. Im Winter kommen die Kegelrobben, um hier ihre Jungen zur Welt zu bringen, im Frühling und Herbst finden sich viele Zugvögel ein und im Sommer brüten Hunderte Möwen in den Dünen an der Aade.

Ausrüstung: Feste Schuhe, Regen- bzw. Windjacke, Feldstecher, Film- oder Fotokamera, Vogelbestimmungsbuch, Zeit!

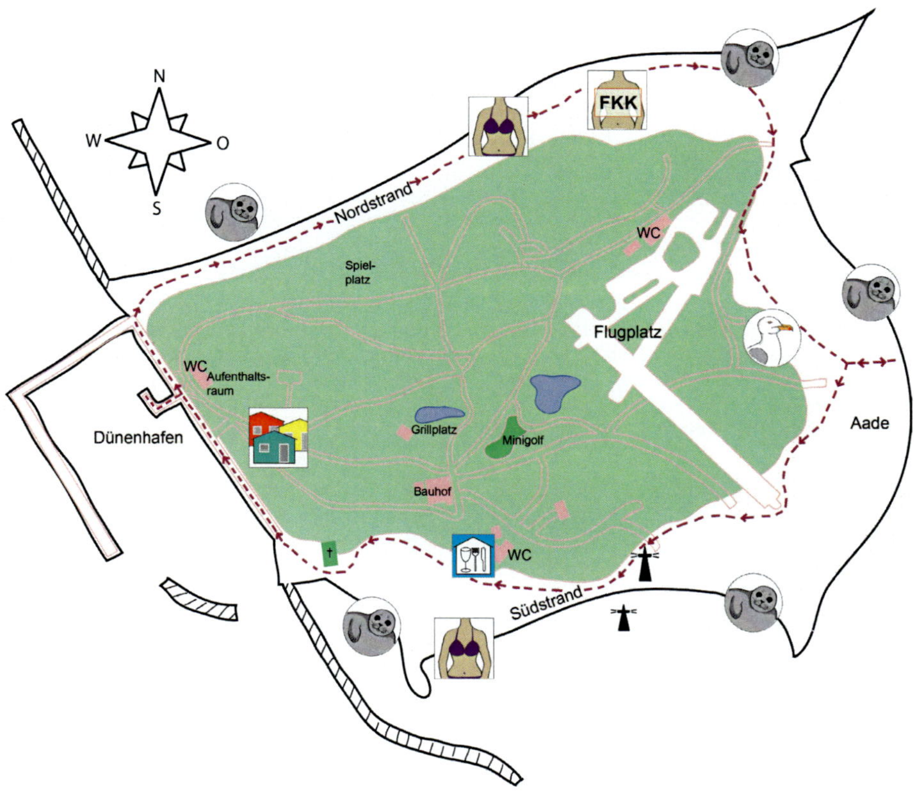

Das gibt es zu sehen

Der große Vorteil eines längeren Aufenthalts auf Helgoland und/oder der Düne ist der, dass Sie deutlich mehr Chancen auf einmalige Naturschauspiele haben und zudem wirklich am Leben der Tiere teilnehmen können. Wie schon erwähnt, ist es aber wichtig, dass Sie sich viel Zeit nehmen und auch den Unbilden des manchmal alles andere als sanften Wetters trotzen.

So können Sie nicht nur im Winter, sondern auch im Sommer Stürme erleben, die einem Tornado gleichkommen. Im Jahr 2010 zog ein spektakulärer Wirbelsturm über die beiden Inseln, der sogar ein Zelt, in dem ein Baby lag und tief und fest schlief, durch die Luft wirbelte. Das Zelt landete - wie von einer höheren Macht gelenkt - wieder sanft auf dem weichen Dünensand. Das Baby hatte nicht einmal einen blauen Fleck davongetragen.

Die Düne bietet so viel Abwechslung, dass sich eine mehrtägige Übernachtung in einem der Bungalowdörfer oder auf dem Campingplatz immer lohnt. Von links nach rechts sehen Sie den Nordstrand, im Hintergrund den Flugplatz, im Vordergrund das Gebäude mit WC und Aufenthaltsraum, davor den Dünenhafen, etwas weiter rechts das bunte, neue Bungalowdorf, rechts den Südstrand mit dem Dünenleuchtturm und links von ihm das Dünenrestaurant.

Manchmal ist es auch für die Kegelrobben zu viel: Hier fegt ein winterlicher Sandsturm über ein Weibchen hinweg.

Wenn Sie auf der Düne per Fähre angekommen sind, ist es sinnvoll, links am Pier Richtung Nordstrand zu gehen (den Grund dafür finden Sie weiter unten in diesem Kapitel). Dort herrscht sommers wie winters immer ein reges Treiben. Auch wenn es nicht immer Robben und Seehunde sind, die Sie begrüßen. Versuchen Sie immer, am Meeressaum zu gehen, vielleicht finden Sie dort einen angespülten Bernstein. Besonders nach schweren Stürmen können Glückspilze fündig werden.

Aber auch abends, kurz vor Sonnenuntergang, lohnt sich ein Gang zum Pier im Nordwestteil der Düne. Dort, wo auf dem Boden noch verrostete Eisenbahnschienen liegen, ist ein prächtiger Fotoplatz für Sonnenuntergänge.

Graureiher sind beinahe täglich und zu jeder Jahreszeit zu beobachten. Meistens überfliegen sie die beiden Inseln und werden deswegen übersehen. Im Abendlicht geben sie ein prächtiges Motiv ab.

Besonders in Vollmondnächten oder an Abenden mit einer beginnenden Mondfinsternis gibt es oftmals spektakuläre Sonnenuntergänge. Hier kann es lohnend sein, an der Nordwestspitze der Düne mit einem leichten Telezoom im Bereich zwischen 70 und 300 mm auf vorbeifliegende Vögel zu warten. Stellen Sie manuell an der Kamera eine Belichtungszeit von ca. 1/2000 sec. ein und lassen Sie die Kamera die Blende automatisch wählen. So können Sie die Vögel, wie bei einem Scherenschnittbild, im Bild festhalten.

Selten fällt einmal Schnee auf der Düne. Zwischen Nordstrand und der Aade finden Sie dann wunderschöne Motive, wobei ich immer den Eindruck hatte, dass die Robben geradezu auf Schnee warten, um sich lustvoll in ihm zu wälzen.

Robben lieben es, im Schnee zu spielen.

Hinter dem Kiesstrand der Aade wandern abends und früh morgens die Kegelrobben umher. Im Schnee ist dies ein fantastischer Anblick.

Wenn Sie im Sommer in den Dünen an der Aade schon früh am Morgen beginnen, die Möwen bei ihrem Brutgeschäft zu beobachten, gewöhnen sich die Tiere recht schnell an Sie. Dann können Sie sogar die Fütterungszeremonie beobachten. Schauen Sie genau hin, dann werden Sie sehen, dass dies nach einem bestimmten Schema abläuft. Vielleicht haben Sie dann auch die Möglichkeit, dies zu filmen oder auf einem Foto festzuhalten.

Der »Knubbel« im Hals der Silbermöwe ist ein Taschenkrebs, den sie ohne Schaden hervorwürgte. Unfassbarerweise schluckte eines der winzigen Möwenjungen anschließend den unzerkleinerten Krebsbrocken ebenfalls unbeschadet hinunter!

Am Südstrand benötigen Sie für die Tierbeobachtung eigentlich nur ein Handtuch, einen sonnigen Tag und eine Kamera mit einem Weitwinkelobjektiv. Sowohl Möwen als auch Austernfischer kommen während ihrer Futtersuche immer wieder kurz an den sonnenbadenden Gästen vorbei. Es könnte ja etwas zum Fressen abfallen. Dann ist es ein Kinderspiel, Bilder wie die nachfolgenden zu machen.

Keine 30 cm von mir entfernt ging der Aussie auf Nahrungssuche und hinterließ ein ordentliches Loch.

Leben auf der Düne

Auf der Düne können Sie auf drei Arten übernachten: im Zelt auf dem Campingplatz, in den klassischen Bungalows (WC und Waschgelegenheiten zusammen mit den Campingplatzbenutzern) oder in den neuen, bunten Bungalows (dort sind alle sanitären Anlagen integriert, sie sind aber recht teuer).

Am Mittag gibt es auf der Düne täglich Stockentenkükensuppe... Nein, natürlich nicht! Die Vögel nutzen einfach dieses ungewöhnliche Süßwasserangebot zum Schwimmen und Trinken.

Auch wenn der Flugplatz wegen der startenden und landenden Flugzeuge etwas die Stille stört, so ist das Dünenleben dennoch ein ruhiges. Sie können frühmorgens den Seehunden und Kegelrobben beim Schlafen zuschauen oder das Schlüpfen der Silbermöwenjungen am Abend bewundern.

Im Winter genießen die Robben ein Sonnenbad in der Düne, im Sommer finden wir menschliche Sonnenanbeter an derselben Stelle wieder.

In den alten Bungalows entsteht ein echtes Robinson-Crusoe-Gefühl. Die Hütten haben genau den Charme, der in unserer Zeit immer mehr abhanden kommt. Übrigens: Am Flugplatz können Sie alle wichtigen Grundnahrungsmittel kaufen. So müssen Sie die Düne nicht einmal dafür verlassen!

Sowohl Dünenschläfer als auch Übernachtungsgäste der Hauptinsel sollten am Ende der großen Dünentour den Tag im Dünenrestaurant ausklingen lassen. Dafür lohnt es sich, die Düne von Norden her zu umrunden. Ein Besuch im Dünenrestaurant ist der passende Tour-Abschluss.

Und wenn Sie bis hierhin noch keine Robben gesehen haben, vor dem Dünenrestaurant liegen immer zwei!

Welche Tiere gibt es noch?

Ein länger dauernder Besuch auf der Düne ermöglicht es natürlich auch, mehr und seltenere Tiere zu beobachten. Am Strand, wo sich Meer und Sand begegnen, finden sich immer Vögel ein, die dort auf Nahrungssuche gehen.

Die Sanderlinge treten immer in größeren Gruppen auf. Auch für Naturfotografen ohne große Brennweiten ein lohnenswertes Motiv.

Diese Pfuhlschnepfe schlief in aller Ruhe gut zehn Minuten vor meinen Augen. Genug Zeit, um mein Stativ aufzubauen und sie beim Aufwachen zu fotografieren.

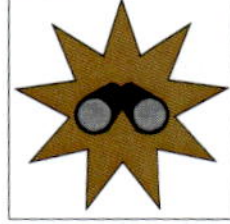

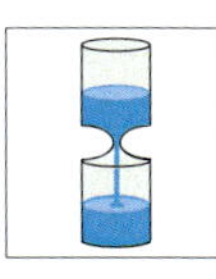

Manchmal tauchen die Vögel urplötzlich am Himmel auf. Setzen Sie sich einfach ein paar Minuten hin, nehmen das Fernglas und ein Bestimmungsbuch zur Hand und lassen sich überraschen. Auch für Kinder kann das gemeinsame Vogelraten mit den Eltern genauso spannend sein, wie ein Abend vor dem Computer.

Weißwangengänse überfliegen die Düne. Schauen Sie immer wieder auch einmal nach oben. Viele Vögel umkreisen die Insel nur kurz, um dann weiterzufliegen.

Tafel 4: Schnecken

1 Pelikanfuß (4 cm), 2 Turmschnecke (4 cm), 3 Gemeine Wendeltreppe (3 cm), 4 Wellhornschnecke (10 cm), 5 Neptunschnecke (13 cm), 6 Friesenknopf (1,5 cm)

9 Tour 5 – Die Mittellandtour

Geeignet für **Tagesgäste** und **Übernachtungsgäste**.

Die erste Helgolandtour führt in ein Gebiet, welches selten von Gästen besucht wird. Doch es bietet einen landschaftlich reizvollen Anblick des Wahrzeichens von Helgoland.

Ausgangspunkt ist das Restaurant »Bunte Kuh« mit einer – ganz genau! – bunten Kuh vor der Tür. Von dort geht es die Hafenstraße entlang Richtung Südhafen. Rechts von Ihnen sind die Hummerbuden, links der Binnenhafen mit im Wasser dümpelnden Börtebooten. Nach einigen Metern geht es bei der Fischräucherei rechts ab (der Weg heißt »Am Kringel«). Links befindet sich das Gewerbegebiet Helgolands und vor uns liegt das Meer. Wir gehen, nachdem wir einen größeren leeren Platz erreicht haben, nach rechts und bleiben nun auf dem gut gepflasterten Weg direkt am Meer. Dieser endet an einem Tor, welches zum Fuß der Klippen führt. Ein paar Meter hinter uns liegt ein Fußpfad, den wir erklimmen. Schließlich erreichen wir das Zentrum des Mittellands, welches wir auf einem Rundweg erkunden. Sind wir beinahe einmal herum, kommt ein unscheinbarer Aufgang auf Helgolands Klippen. Diesen erklommen, haben wir den höchsten Punkt unserer Wanderung erreicht und gehen rechts herum einen Teil des Klippenrandwegs bis zur asphaltierten Straße, die relativ steil nach unten führt. Schließlich kommt rechter Hand das Krankenhaus und unten am Meer angekommen, stehen wir direkt vor der »Bunten Kuh«.

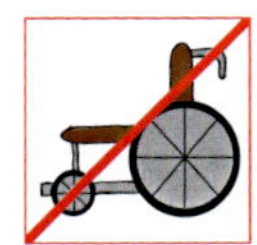

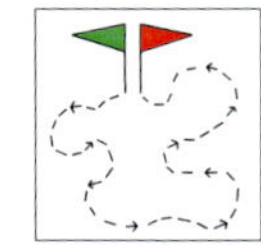

ca. 1,5 km
ca. 30–60 min

Für Gehbehinderte und Kinderwagen nicht geeignet; Ausnahme: der erste Teil bis zum Tor, dieser ist gut für fahrbare Gehhilfen geeignet.

Das Besondere: Diese Tour wird selten von Gästen begangen, dafür werden Wanderer durch einen besonderen Blick auf die Lange Anna und mit einem Platz mit sehr dichtem Pflanzenbewuchs belohnt. Achtung: kein ganz leichter Weg!

Ausrüstung: Feste Schuhe, Regen- bzw. Windjacke, Feldstecher, Film- oder Fotokamera, Vogelbestimmungsbuch, Getränk.

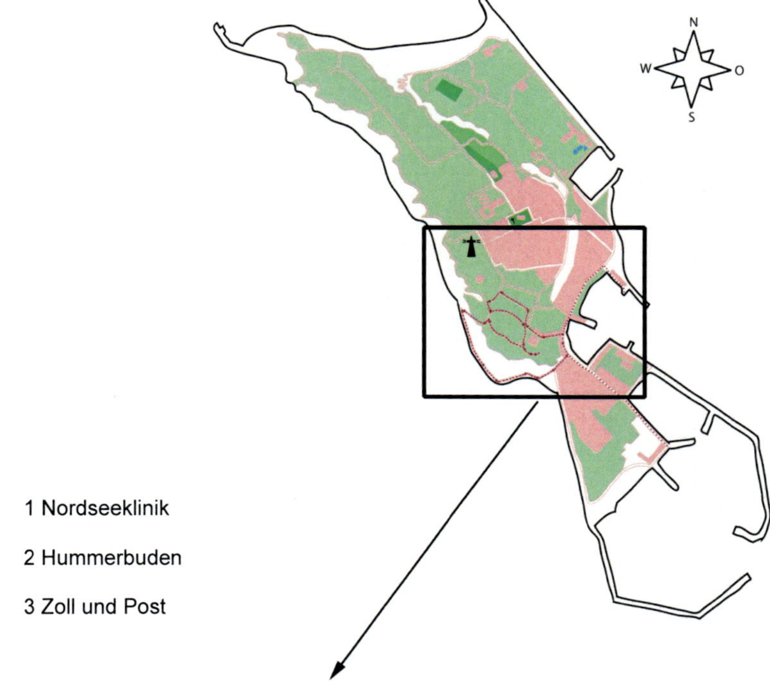

1 Nordseeklinik

2 Hummerbuden

3 Zoll und Post

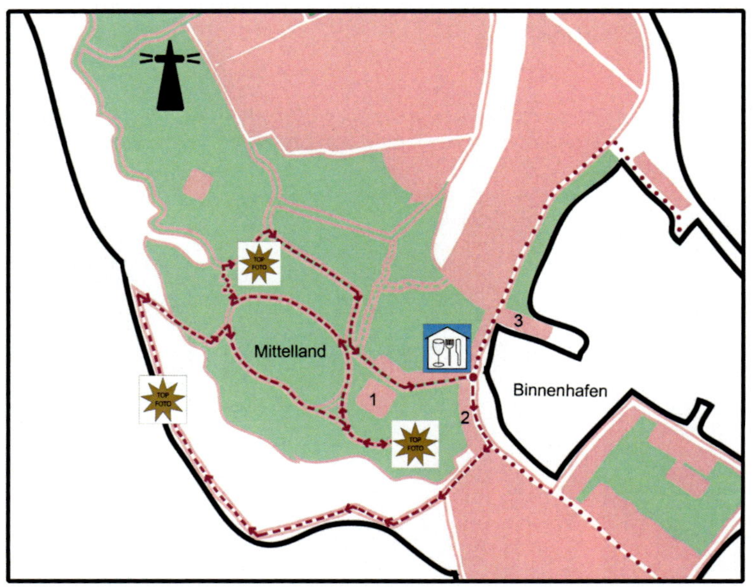

Das gibt es zu sehen

Unsere Tour beginnt beim Restaurant »Bunte Kuh« (in der Bildmitte rechts die Hummerbude in blau neben den beiden gelben Buden). Im Hintergrund ein Teil der Düne, eine ankernde Fähre, davor der Landungssteg für ankommende Börteboote und die Anlegestelle der Dünenfähre. Der Steg rechts im Vordergrund gehört zum Binnenhafen. Auf ihm liegt u. a. die Zollstelle.

Nachdem wir an den Hummerbuden vorbei und bei der Fischräucherei angekommen sind, gelangen wir direkt an eine gut befestigte Kaimauer. Dort sehen wir dann rechter Hand das erste Highlight: den Klippenkohl. Bei diesem handelt es sich um die Mutter aller Kohlsorten, die Sie in einem Supermarkt finden. Helgoland ist eine der wenigen Gegenden, wo die prachtvoll blühenden Pflanzen (Mai bis Juni) in großer Zahl anzutreffen sind.

Der Klippenkohl gedeiht an trockenen und nährstoffreichen Standorten. Dann erreicht dieser in Deutschland nur auf Helgoland vorkommende Wildkohl eine Wuchshöhe von bis zu 120 cm!

Die auf Helgoland wachsende Meerkamille ist im Gegensatz zur Echten Kamille geruchlos und besitzt auch nicht deren Heilkraft.

Eine weitere typische Pflanze, die hier zu finden ist, ist die Meerkamille (oder Strandkamille). Eine wunderschöne polsterbildende Blütenpflanze, die auch Naturfotografen ein Motiv bietet, welche mit kleinen Kameras unterwegs sind.

Wenn Sie nun weiter den Kai entlang des Ufers gehen, gelangen Sie zu einer exquisiten Ansicht auf das Helgoländer Wahrzeichen: die »Lange Anna«. Diese Felsnadel hat sich nach vielen Jahrhunderten gebildet, weil Frost, Wind und das salzige Meer nach und nach den leicht zerbröselnden Buntsandstein zerstörten. Um die Lange Anna herum wurde also ehemals vorhandener Fels abgetragen, so dass sie schlussendlich als letztes Überbleibsel den Angriffen der Natur standhält. Doch wie lange noch?

Dieser Anblick bietet sich Ihnen, wenn Sie ein paar Meter die Kaimauer entlang gewandert sind. Im Vordergrund die Tetrapoden zum Schutz der Küste vor dem Meer. Rechts im Bild sehen Sie das immer verschlossene Tor, welches Unbefugte daran hindern soll, zum Lummenfelsen zu gelangen. Hinten links die Lange Anna.

Werfen Sie immer auch einen Blick hinaus auf das Meer. Im Frühling und Sommer herrscht reger Flugverkehr, weil Lummen und Tölpel Unmengen an Nahrung heranschaffen müssen. Und bei Ebbe lassen sich viele verschiedene Tangarten bewundern.

Der Blasentang enthält Jod und war daher im 19. Jahrhundert der Hauptlieferant für dieses Mittel. In der Naturheilkunde wird er u. a. gegen Arteriosklerose, Arthritis, Asthma, Cellulite, Fettsucht, Rheuma, Schilddrüsenüberfunktion, Schuppenflechte, Sodbrennen und Verstopfung eingesetzt.

Gehen Sie am Ufer weiter, dann kommen Sie zu einem verschlossenen Tor. Dort können Sie regelmäßig Kormorane beobachten, die aber wegen der oftmals nicht optimalen Lichtverhältnisse nicht ganz leicht zu fotografieren sind.

Wenn Sie die Lange Anna wirklich einmal von ihrer schönsten Seite sehen möchten, dann machen Sie eine abendliche Rundfahrt um Helgoland mit dem Börteboot mit. Achten Sie auf die Aushänge bei der Dünenfähre oder fragen Sie in einer der Hummerbuden nach. Dort werden regelmäßig Fotofahrten angeboten.

An dieser Stelle könnten Sie Ihre erste Begegnung mit einem dicht über die Wellensäume fliegenden Basstölpel haben.

Es ist ein seltener Glücksfall, wenn die Kormorane in ein solch spektakuläres Licht getaucht werden. Sie sitzen hier auf den Tetrapoden, die überall um Helgoland herum zu finden sind.

Ist dieser Anblick nicht einmalig? Vergleichbares lässt sich wirklich nicht finden, allein für diesen Anblick lohnt sich eine Reise nach Helgoland.

Wenn Sie sich an der Langen Anna satt gesehen haben, geht es nun einen Trampelpfad hoch auf eine Anhöhe. Dort bietet sich ein Blick weit hinaus, zur Düne und zu den Häfen und vor Ihnen in eine Kuhle, die durch Bomben erst nach dem 2. Weltkrieg entstand. Diese Kuhle wird Mittelland genannt. Wie zur Mahnung an kommende Generationen wurde hier auch das Helgoländer Krankenhaus erbaut.

Auf dem »Rand« angekommen, wenden Sie sich nach rechts dem Krankenhaus zu. Einen schönen Ausblick haben Sie auch, wenn Sie

Das Mittelland, vielleicht nicht spektakulär, aber ein weiterer Mosaikstein der Landschaft Helgolands. Hinten links die Düne, rechts hinten der Südhafen. Das rote Kreuz auf dem Krankenhausdach ist gerade noch erkennbar. Die grüne Fläche mit den Sträuchern ist unser Ziel. Im Vordergrund führt die Treppe hinauf zum Klippenrandweg.

rechts am Krankenhaus vorbei gehen. Allerdings müssen Sie auf demselben Weg wieder zurückkehren und sich dann oberhalb des Krankenhauses in die Kuhle hinein begeben.

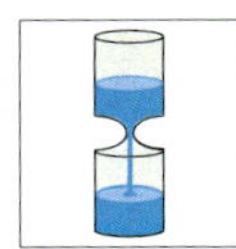

Auf diesem unscheinbaren Flecken Grün finden sich das ganze Jahr über Kleinvögel wie Bluthänfling, Kohlmeisen, Amseln und Haussperlinge ein. Sie finden hier aber auch (natürlich seltener) exotischere Arten, wie Gelbbrauen-Laubsänger, Taigazilpzalp oder auch einmal einen Steinortolan. Daher lohnt es sich, dort eine Pause einzulegen und auf die Dinge zu harren, die kommen werden. Es gibt sogar eine Bank, so dass Sie sich mit einem kleinen Picknick die Zeit auf die nächste ungewöhnliche Vogelbeobachtung lukullisch vertreiben können.

Der Rückweg führt Sie die Treppen hinauf zum Klippenrandweg. Dort angekommen, wenden Sie sich nach rechts. Hier haben Sie noch einmal einen schönen Blick auf das Südhafengelände und die Nordsee. Bei der nächsten Möglichkeit geht es dann rechts hinunter zum Ausgangspunkt Restaurant »Bunte Kuh«.

***1** Die Amsel oder Schwarzdrossel brütet überall auf Helgoland. Wegen des starken und lauten Windes ist ihr Gesang aber viel seltener als auf dem Festland zu hören.* ***2** Der Grünfink oder auch Grünling ist kein Brutvogel auf Helgoland. Als Zugvogel ist er vor allem im Herbst und im Frühling anzutreffen.* ***3** Während des Zuges und als Brutvogel auf Helgoland anzutreffen: die Kohlmeise.*

Tafel 5: Tange 1

1 Zuckertang, 2 Fingertang, 3 Palmentang, 4 Blasentang, 5 Sägetang

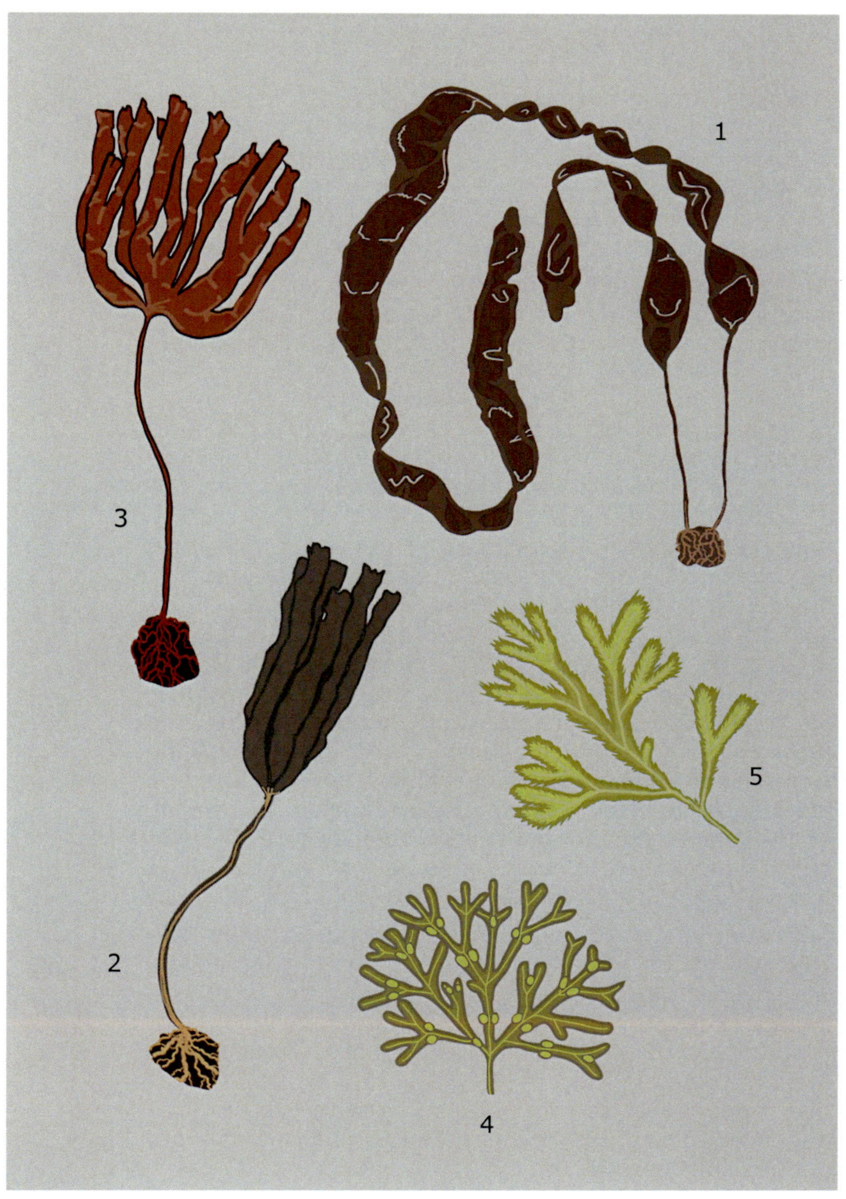

10 Tour 6 – Die Lummentour

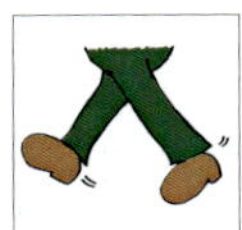

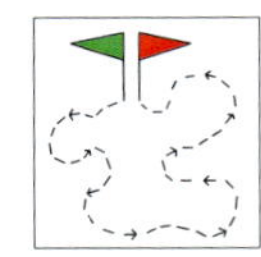

ca. 2,7 km
ca. 60–90 min

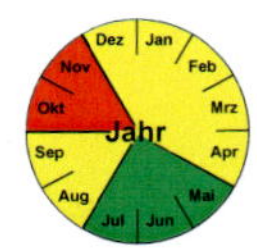

Geeignet für **Tagesgäste** und **Übernachtungsgäste**.

Sicher ist diese Tour ein Muss für Helgolandbesucher. Im Sommer sollte jeder Gast diesen Weg beschreiten, um zu spüren, wie wichtig Helgoland für die europäische Tierwelt ist.

Wir starten am Aufzug im Unterland. Rechnen Sie also noch ein paar Minuten Fußweg von der Fähre oder dem Katamaran ein, wenn Sie als Tagesgast diese Tour gehen. Aus dem Fahrstuhl kommend, wenden wir uns scharf rechts und gehen am Ende des kurzen Weges weiter geradeaus in den »Steanaker«. Nach ca. 100 m kommt rechter Hand eine kleine Grünanlage, wo wir rechts abbiegen. Haben wir diese Anlage hinter uns, halten wir uns sofort wieder links. Nach ca. 30 m geht es rechts, am Friedhof vorbei (linker Hand), in die »Lummenstraße«. Haben wir das Ende der Friedhofsmauer erreicht, biegen wir links in den »Schulweg« ein. Nach ca. 70 m geht es rechts in die Straße »An der Sapskuhle«. Linker Hand sehen Sie die Schule mit ihrem Pausenhof. Nun folgen wir einfach dem Verlauf der Straße (rechts kommt die Vogelwarte, dann am Knick die Schrebergärten). Am Knick (einer Kreuzung) gehen wir dann links und folgen weiter dem Verlauf der Hauptstraße, bis eine Abzweigung nach links kommt, wo wir auch abbiegen: Dies ist der Klippenrandweg. Nach einigen Treppen erreichen wir nach wenigen Metern den Lummenfelsen.

Zurück nehmen wir den gleichen Klippenweg, bleiben jetzt aber länger auf ihm und biegen erst ab, wenn der Leuchtturm schräg links vor uns auftaucht. Dann gehen wir links den Weg hinunter und nehmen die erste Abzweigung rechts in die »Leuchtturmstraße«. Beim letzten Haus auf der linken Seite geht es links, direkt wieder rechts und sofort wieder links in die »Süderstraße«. Auf dieser gehen wir bis zum Ende und gelangen schließlich auf den Weg »Am Falm« (Sie sehen nun das Meer). Dort geht es links zurück zum Lift.

Das Besondere: Der Lummenfelsen!

Ausrüstung: Feste Schuhe, Regen- bzw. Windjacke, Feldstecher, Film- oder Fotokamera, Vogelbestimmungsbuch.

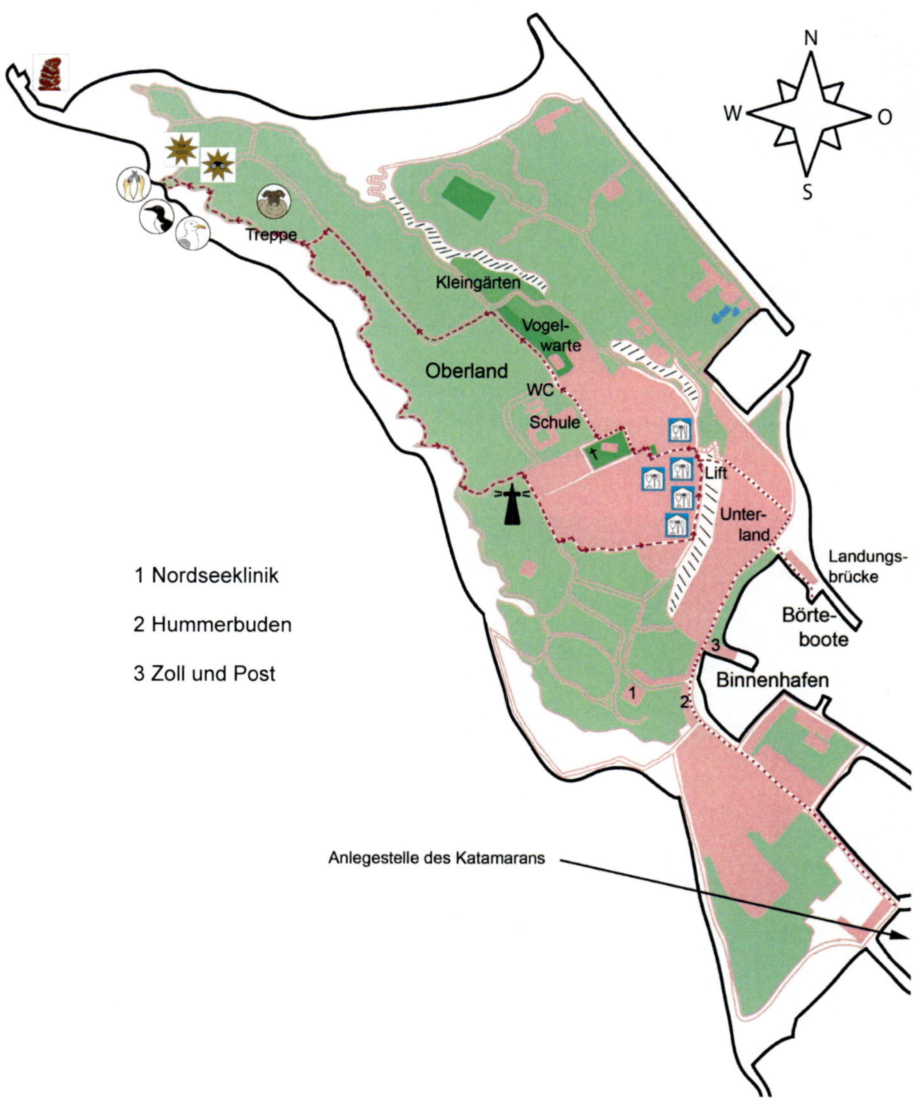

Das gibt es zu sehen

Jeder Quadratzentimeter wird von Lummen, Dreizehenmöwen oder Basstölpeln als Brutplatz genutzt.

Bei dieser Tour ist einmal nicht der Weg das Ziel, sondern das Ziel selbst. Von Ende April bis in den August hinein, mit dem Höhepunkt im Juni, ist die Trottellumme der Star an Helgolands rotem Felsen.

Egal wie alt die Gäste Helgolands sind und woher sie kommen – niemand kann sich dem unfassbaren Schauspiel der brütenden Vögel an Helgolands Küste entziehen. Die vielen Vogelstimmen, das permanente Kommen und Gehen der Lummen, Möwen und Tölpel und die unglaubliche Nähe, aus der jeder die Tiere beobachten kann, lässt einen staunen.

Den Pinguinen im Aussehen nicht unähnlich, können Trottellummen im Gegensatz zu diesen noch recht gut fliegen. Hier bringt ein Elternvogel einen Fisch für sein Junges.

Ob jung oder alt, das Naturschauspiel am Lummenfelsen zieht jeden in seinen Bann.

Je nach Monat befinden sich weit über 10.000 Vögel auf einem relativ kleinen Stück des Buntsandsteinfelsens, wobei die Basstölpel sich schon im Januar als erste ihren Nistplatz sichern und auch als letzte im September den Brutplatz wieder verlassen.

In dieser Zeit finden die Jungenaufzucht und der Lummensprung statt. Aber auch viele kleine Dramen, mit leider auch tödlichen Ausgängen (einige Vögel verheddern sich in den Fischernetzen und müssen dann qualvoll sterben; Möwen rauben das eine oder andere Lummenjunge), kann der Besucher in der riesigen Gemeinschaftsbrutkolonie miterleben.

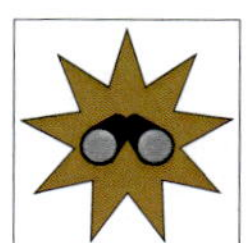

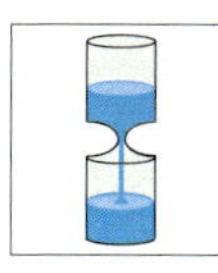

Tagesbesucher werden einen Lummensprung leider nicht miterleben, da dieses Ereignis erst in der Abenddämmerung und in der Nacht stattfindet. Doch es bleiben auch so genügend Eindrücke, weil es im Vogelgewusel immer irgendetwas zu beobachten und zu fotografieren gibt.

Es ist schwierig, sich für eine Fotoposition zu entscheiden, weil immer irgendwo etwas passiert. Mein Tipp: Suchen Sie sich eine Beobachtungsstelle, an der nicht zu viele Besucher zusammenkommen. Konzentrieren Sie sich dann auf ein oder zwei Brutpaare. Es wird immer bei einem der beiden Paare etwas Spannendes geschehen. Leider ist das Fotolicht nicht immer optimal, wählen Sie daher von vornherein eine höhere ISO-Zahl (400 bis 800), um kurze Belichtungszeiten zu bekommen. Stellen Sie die Blende auf 5,6 oder 8, um genügend Schärfentiefe zu erhalten. Benutzen Sie ein Stativ, um den Besuch auch genießen zu können. Zudem werden Sie schneller bereit sein, wenn etwas Interessantes vor der Linse geschieht. Und: Haben Sie Geduld.

Bei solch einem Gewusel ist es schwierig, die Jungen der Lummen zu entdecken.

Aus dem Leben einer Trottellumme

Wie entstand eigentlich dieser unnett klingende Name? Nun, »Lumme« kommt aus dem skandinavischen »lom«, was übersetzt sehr treffend »Seetaucher« bedeutet. Der »Trottel« entwickelte sich aus zwei Richtungen. Linné nannte die Art »Colymbus Troile«, woraus im Deutschen die »Troillumme« wurde. Wegen ihres fehlenden Fluchttriebes am Nest wurde sie auch »Dumme Lumme« genannt. So wurde im Laufe der Jahre aus »Troil« und »Dumme« die Trottellumme.

Das Männchen verteidigt seine Partnerin mit allen Mitteln gegen Konkurrenten, nimmt es dabei selber aber nicht so genau mit der Treue und nutzt jede Gelegenheit zu einer außerehelichen Beziehung. Zumindest so lange, bis das einzige Ei nach einem Monat ausgebrütet wurde (was übrigens beide Partner gemeinsam erledigen).

Das »konischspitz-langkreiselförmige« Ei wird direkt auf den nackten Fels gelegt. Die Eiform – hinten sehr dick, vorne sehr spitz – hindert es am Wegrollen. Angestoßen dreht es sich nur um die eigene Achse und fällt so nicht vom Sims.

Der Lummensprung

Kurz vor dem Sturz in die Tiefe. Mutter und Kind sondieren die Lage.

Die aerodynamische Körperform der Lummen macht sie zu hervorragenden Tauchern und erfolgreichen Unterwasserfischern. Dafür sieht ihr Flug recht unbeholfen aus. Dies soll auch eine Erklärung dafür sein, dass die Küken schon so früh (bevor sie fliegen können!) den Brutplatz verlassen, indem sie sich in die Tiefe stürzen. Denn je älter das Junge wird, desto mehr Futter braucht es. Dies kostet die Eltern aber wegen ihrer schlechten »Flugeigenschaften« sehr viel Energie, da sie ja zum Füttern 30–40 m hoch auf die Felsen fliegen müssen. Der zweite Grund für den Lummensprung könnte darin liegen, dass in der Nähe des Brutfelsens im Laufe der Brutzeit nicht mehr genügend Fische zu finden sind. Auf hoher See aber finden Eltern und Junges immer genügend Nahrung.

Ist das Trottellummenjunge etwa 3 Wochen alt, muss es den Sprung in die Tiefe wagen. Im Wasser wartet der Papa und lockt das Junge mit lauten Rufen. 40 m und mehr – bis es auf die Wasseroberfläche oder einen Felsen aufprallt – muss das Junge hinabspringen. Das Weibchen springt sofort hinterher, um zu schauen, ob der Sprung dem Kleinen gut bekommen ist.

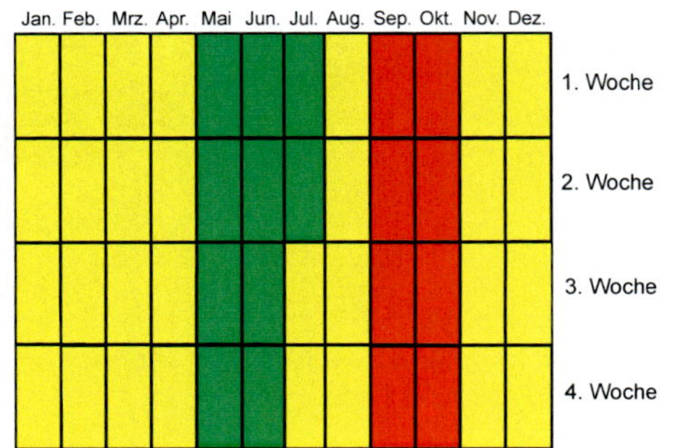

Die optimalen Beobachtungszeiten für die Trottellumme (Uria aalge).

Welche Tiere gibt es noch?

Am Brutfelsen selbst und auf dem Rückweg, der Sie einen Teil des Klippenrandweges entlang führt, lohnt es sich, immer wieder einmal die Klippen mit dem Fernglas abzusuchen. Überraschungen kann es minütlich geben!

Der Tordalk ist sehr leicht mit einer Trottellumme zu verwechseln. Seine Fortpflanzungsbiologie ähnelt der der Lumme. Auffälligstes Merkmal der Alken ist der auffallend hohe, messerartig seitlich zusammengedrückte und mit einem weißen Streifen versehene Schnabel.

Tafel 6: Muscheln 1

1 Glänzende Nussmuschel (1 cm), 2 Miesmuschel (8 cm), 3 Auster (8 cm), 4 Essbare Herzmuschel (4 cm), 5 Baltische Tellmuschel (2,5 cm)

11 Tour 7 – Die Klippentour

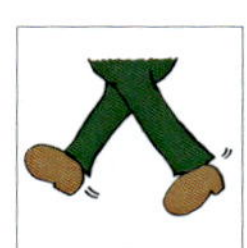

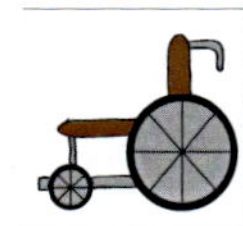

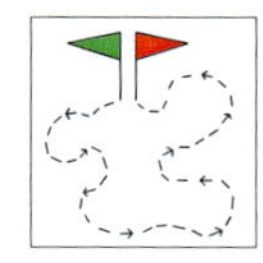

ca. 4,4 km
mind. 80 min

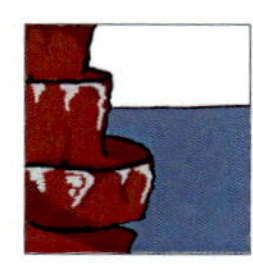

Geeignet für **Übernachtungsgäste**.

Mit dieser Tour steht eine Umrundung Helgolands auf dem Programm. Wer mehrere Tage auf Helgoland verweilt, sollte diese Strecke täglich gehen. Es gibt immer Neues zu entdecken!

Start der siebten Tour ist im Unterland beim Denkmal Hoffmanns von Fallersleben bei der Landungsbrücke. Dort wenden wir uns links Richtung Südhafen, gehen an den Hummerbuden vorbei und hinter dem Restaurant »Bunte Kuh« rechts die Straße hoch. Nun geht es einen teilweise sehr steilen Weg hoch zum Klippenrandweg, der bei der ersten möglichen Abzweigung links beginnt. Nach wenigen Metern kommt eine schöne Aussicht auf Mittelland und Südhafen. Nun geht es weiter immer an den Klippen entlang. Rechts kommt der Leuchtturm in Sicht und links nähern wir uns langsam dem Lummenfelsen und der Langen Anna. Am Nordwestzipfel angekommen, geht es Richtung Osten immer weiter den Klippenrandweg entlang. Von diesem Weg aus gibt es mehrere Aussichtspunkte auf das Unterland mit dem Sportplatz, der Jugendherberge, dem Museum und dem Bad. Kurz bevor der Lift erreicht ist, geht es einen steilen Weg hinab ins Unterland. Dort am Ende angekommen, geht es rechts herum (links geht es zum Museum, geradeaus zum Bad). Linker Hand kommen wir am Nordosthafen vorbei, rechter Hand liegt die Biologische Anstalt Helgoland. Haben wir den Ostrand der Insel erreicht, geht es rechts zurück zur Landungsbrücke.

Rollstuhlfahrer und Kinderwagen: Auf dem Weg (südwestlich) vom Unterland zum Mittelland und weiter zum Oberland gibt es ein paar Treppen und einen steilen Aufstieg. Der Weg zurück (östlich) vom Oberland zum Unterland kann evtl. ebenfalls zu steil sein. Alternativ empfiehlt sich der Lift; folgen Sie dann der blau gestrichelten Wegführung.

Das Besondere: Auf diesem Weg lernen Sie die Lage

und die Natur Helgolands am besten kennen. Höhepunkt im Sommer ist natürlich der Lummenfelsen.

Ausrüstung: Feste Schuhe, Regen- bzw. Windjacke, Feldstecher, Film- oder Fotokamera, Vogelbestimmungsbuch.

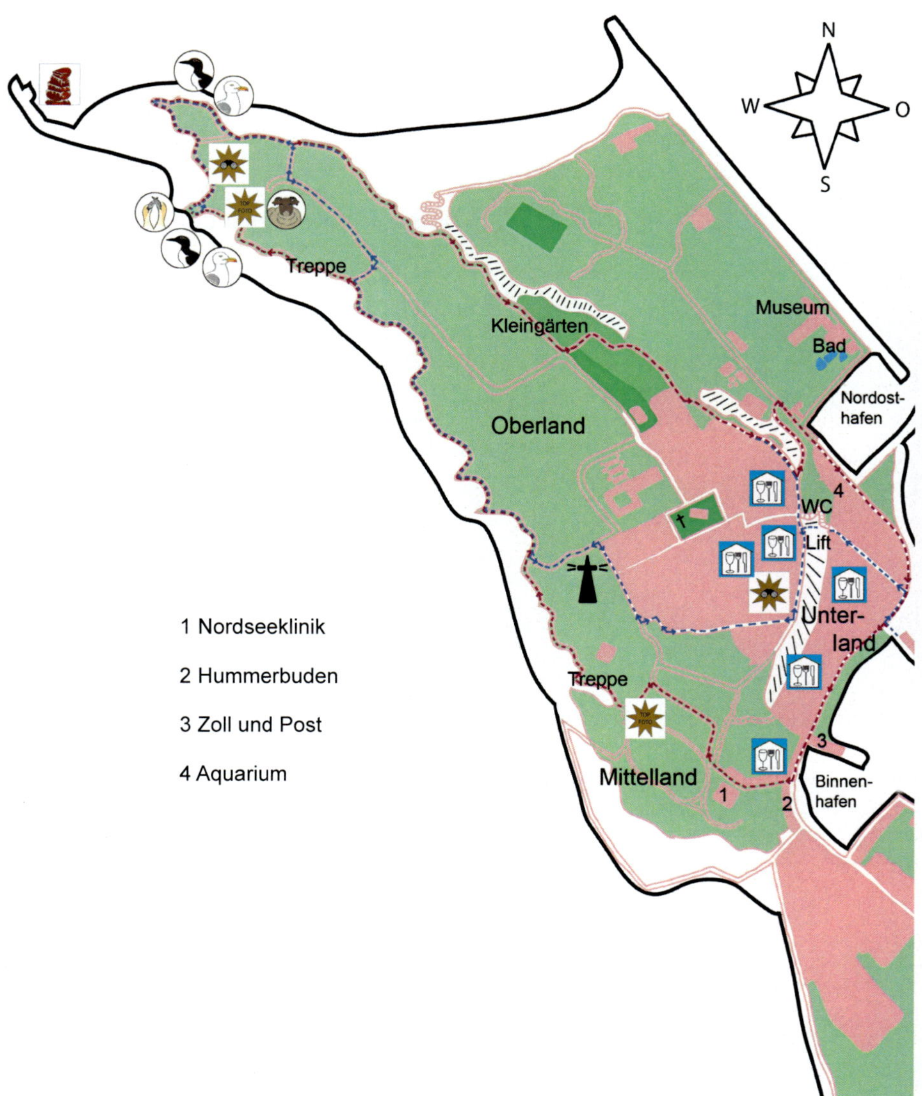

Das gibt es zu sehen

Kulturhistorisch ist natürlich ein Blick auf das Denkmal Hoffmann von Fallerslebens erlaubt. Er schrieb auf Helgoland - als dieses noch britisch war(!) - das Lied der Deutschen.

Einige Meter geht es nun auf der Straße am Meer entlang, an den Hummerbuden vorbei und dann rechts hoch zum Mittelland auf den Klippenrundweg. Halten Sie immer wieder nach Kleinvögeln Ausschau. Besonders im Mittelland sind sie zu finden, da es dort Sträucher und Grasflächen gibt, und vor allem, weil es dort oft windstill ist. In den ruhigen Ecken des Mittellandes können sich erschöpfte Zugvögel für ihren Weiterflug prächtig erholen.

Auch Naturbeobachter dürfen einen Blick auf das Denkmal Hoffmann von Fallerslebens werfen. Links im Hintergrund der Südhafen, rechts im Hintergrund das Mittelland, davor die Hummerbuden. Hier am Denkmal fährt im Sommer auch die Inselbahn ab. Besonders für Menschen, die schlecht zu Fuß sind, ist die Rundfahrt mit der Bahn eine Alternative, um Helgoland bequem kennenzulernen.

Am Klippenrandweg angekommen, haben Sie eine tolle Aussicht auf die Düne, die auf Reede liegenden Schiffe und die drei Flaggen von Deutschland, Helgoland und Schleswig-Holstein (zu dem Helgoland politisch gehört).

Schon nach wenigen Metern auf dem Klippenweg werden Sie die ersten Vögel entdecken. Da im Laufe der letzten Jahre die Anzahl der Dreizehenmöwen beträchtlich zugenommen hat, breiten sie sich immer weiter südlich, entlang der roten Klippe, aus.

Die Dreizehenmöwe hat eine einzigartige Erfolgsgeschichte auf Helgoland hingelegt. Waren 1952 erst acht Brutpaare auf der Insel, wurde 1975 schon die 1000er-Marke geknackt. Heute brüten unfassbare 7300 Paare hier. Ein Ende dieser Entwicklung scheint nicht in Sicht.

Sie kommen auf diesem Weg auch an dem Leuchtturm vorbei, der als einziges Gebäude die Bombardierung im und nach dem Zweiten Weltkrieg überstanden hat. Beinahe alle Bauten, die Sie auf Helgoland vorfinden, sind in den 1950er Jahren erbaut worden. Es ist also eine Stadt, die ihr Aussehen seit über einem halben Jahrhundert kaum verändert hat!

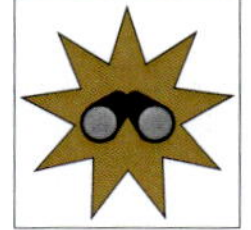

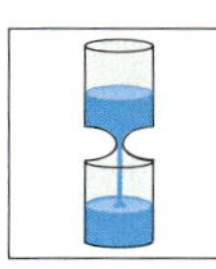

Schon von weitem (zumindest in den Sommermonaten) hören Sie die Vögel am Lummenfelsen. Denken Sie daran, auch einmal in die vielen Buchten, die Sie am Weg finden, zu gehen. Dort gibt es Bänke und es ist windstiller. Brütende Vögel lassen sich an diesen Stellen oftmals sehr leicht beobachten.

Am Nordwestrand der Klippen angelangt, haben Sie einen exklusiven Blick auf die Lange Anna. Die hier vorhandene Aufnahmeposition erlaubt es praktisch allen mit einer Kamera ausgestatten Besuchern, zu einer schönen Aufnahme von Helgolands Wahrzeichen zu kommen. Aber versuchen Sie nicht, einfach zu »knipsen«. Bleiben Sie an dieser Stelle eine Weile stehen und warten auf das richtige Licht. Dies ist zum einen bei Sonnenuntergang der Fall. Doch auch ein stark bewölkter Himmel zeigt die Buntsandsteinfelsen in einem attraktiven Rot.

Mit einem Fernglas können Sie das spektakuläre Zusammenleben der Lummen, Möwen und Tölpel auf dem ganzen Klippenweg beobachten. Auf den Bildern lässt sich gut erkennen, wie die Vogelarten versuchen, unter sich zu bleiben.

Links: *Die weiße Augenzeichnung bei diesem Tier ist ein regelmäßig vorkommendes Merkmal bei der Trottellumme. Es handelt sich also nicht um eine eigene Lummenart, sondern lediglich um eine Farbvariante. Individuen, die mit dieser besonders schönen Färbung ausgestattet sind, werden Ringel- oder Brillenlumme genannt.* ***Unten:*** *Die Lange Anna vom Nordwesten aus fotografiert. Hier reicht schon ein Weitwinkelobjektiv von 24 mm aus. Auch bei Sturm können Sie von dieser Stelle aus außergewöhnliche Bilder »schießen«.*

Der Rückweg an der Ostklippe entlang gibt Ihnen immer wieder den Blick frei auf das Unterland und die Düne. Felsbrüter finden sich hier allerdings nicht mehr; hier heißt es schauen und genießen. Während und nach dem steilen Abstieg ins Unterland und zurück zur Landungsbrücke können Sie wieder auf Kleinvögel treffen. Bleiben Sie aufmerksam!

Aus dem Leben der Dreizehenmöwe

Dreizehenmöwen sind eigentlich typische Hochseevögel. Sie kommen nur zur Brutzeit auf das »Festland«. Mit ihrem unfassbaren Flugvermögen halten sie problemlos Orkanen stand. Auf Helgoland fühlen sie sich sichtlich wohl, wenn es sehr stark windet. Dann sind Fotos von ihnen in den verrücktesten Flugpositionen möglich.

Ohne große Probleme können Sie das Familienleben der Dreizehenmöwen von der Eiablage, dem Schlüpfen der Küken, deren Aufzucht, bis zum Ausfliegen der fast erwachsenen Möwenjungen verfolgen.

Die Nester werden aus Erde, Schlamm und Algen an den Felsen geklebt und verhindern das Abstürzen der nach 27 Tagen Brutzeit schlüpfenden zwei oder drei Jungen. Die Eltern füttern ihre Jungen mit Nahrungsballen, die bevorzugt aus Sandaalen bestehen, die sie ausschließlich auf dem offenen Meer suchen.

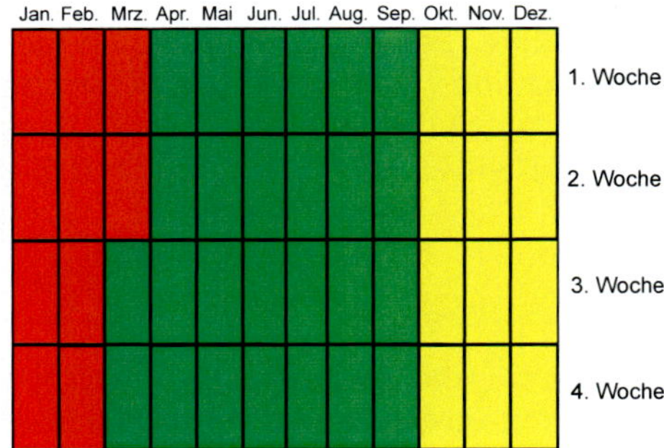

Optimale Beobachtungszeit für die Dreizehenmöwe (Rissa tridactyla, E: Black-legged Kittiwake) auf Helgoland.

Nach sechs Wochen verlassen die flüggen Dreizehenmöwen ihren Brutfelsen. Bevor sie zu sehen sind, können wir sie schon hören. Sie miauen, stoßen weinerliche Laute aus und lassen fast ständig ihren charakteristischen Ruf »kitti-wääik« hören (ihr englischer Name leitet sich von diesem Ruf ab). Eine äußerst sympathische kleine Möwenart, die Sie sicher genau so schnell wie ich in Ihr Herz schließen werden.

Welche Tiere gibt es noch?

Überraschungen sind immer und überall zu erwarten. Die größte ist aber wohl, dass auf Höhe des Lummenfelsens völlig frei lebende Heidschnucken Ihren Weg kreuzen. Mit den Kühen zusammen sind sie die einzigen Großsäuger auf Helgoland.

Oben: *Die Schafe auf Helgoland dienen dazu, das Gras kurz zu halten. Zudem werden sie so früh im Jahr eingesetzt, dass kaum Graspollen in die Luft gelangen. Daher gilt Helgoland auch als pollenarm und ist für Allergiker bestens geeignet.* ***Mitte:*** *Sehr schwer zu sehen, aber mit beinahe 100 Brutpaaren auf den Felsen zu finden: der Eissturmvogel. Er gehört zu den Röhrennasen und lebt vornehmlich von Fischabfällen, die die Nordseefischer in großen Mengen ins Meer kippen.* ***Unten:*** *Immer wieder versuchen Krähen, Fressbares auf den Felsen zu finden. Neben der Rabenkrähe hängen drei tote Basstölpel. Sie haben sich in den als Nistmaterial aus der See herbeigeschafften Fischernetzresten erdrosselt.*

Tafel 7: Muscheln 2

1 Gestutzte Klaffmuschel (6 cm), 2 Engelsflügel (6 cm), 3 Schotenmuschel (15 cm), 4 Amerikanische Scheidenmuschel (15 cm), 5 Schwertförmige Scheidenmuschel (10 cm)

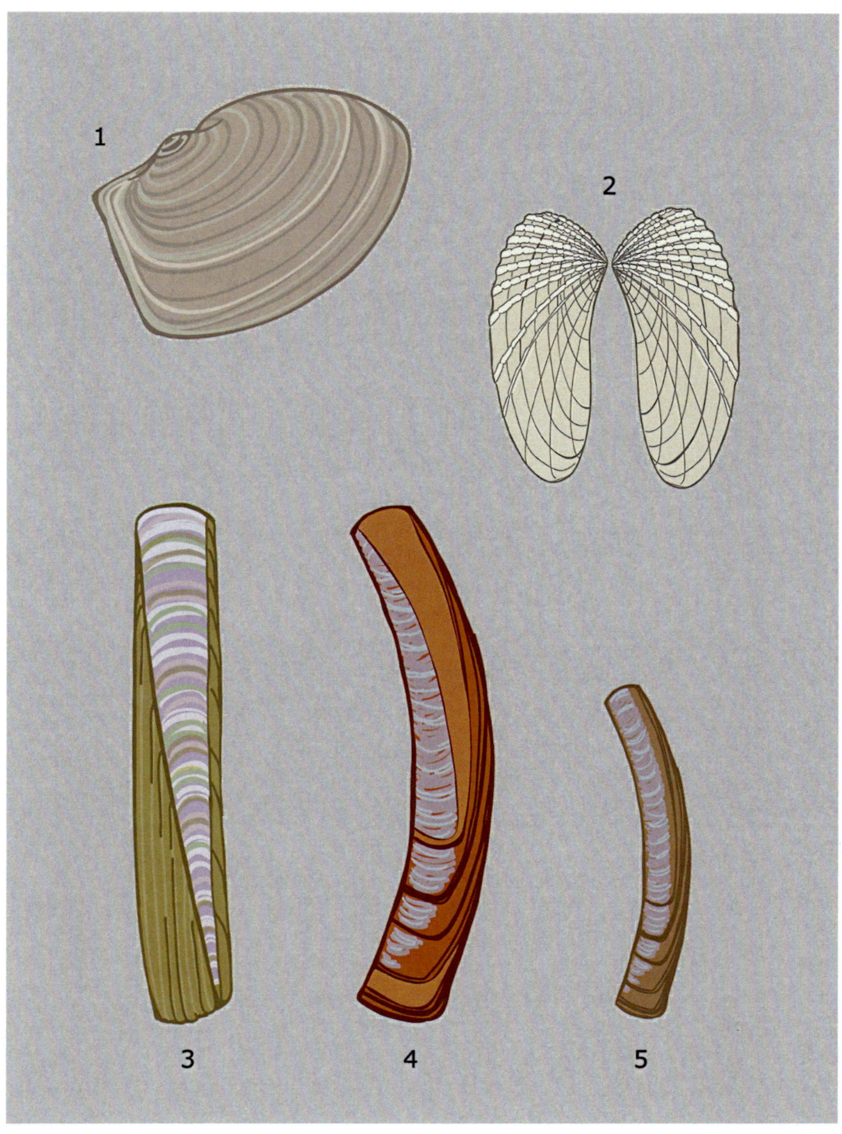

12 Tour 8 – Die große Helgolandtour

Geeignet für **Übernachtungsgäste**.

Die letzte und längste Tour führt uns beinahe über die ganze Insel zum Lummenfelsen, zur Vogelwarte und zum Industriegebiet.

Wir starten im Unterland beim Denkmal Hoffmann von Fallerslebens bei der Landungsbrücke. Von dort aus gehen wir Richtung Südosten ein kleines Stück entlang der Landungsbrücke. Dann folgen wir Richtung Norden immer dem Hauptweg (links befinden sich Wohnhäuser), vorbei am Nordosthafen, am Bad und am Museum. Jetzt erreichen wir ein Gebiet mit Brachland, rechts in einiger Entfernung liegt die Jugendherberge, links vor uns der Sportplatz. Weiter geht es zum Nordstrand, den wir nach einigen Metern wieder verlassen, um die Klippentreppe hoch zum Oberland zu erklimmen. Oben wenden wir uns nach rechts, immer den Klippenweg entlang, an der Langen Anna und dem Lummenfelsen vorbei, bis der erste befestigte Weg (nach einem Treppenabgang) linker Hand erscheint. Diesen gehen wir bis zur Gabelung, an der wir uns nach rechts wenden. Wir bleiben nun auf dem Hauptweg, gehen bis zu den Schrebergärten, dort geht es rechts ab. Wir gehen weiter, bis links die Vogelwarte erreicht ist, dort biegen wir rechts ab. Wir umrunden nun die Wohnhäuser, gehen am rechts stehenden Leuchtturm vorbei, und sind die letzten Häuser erreicht, geht es nach links. An der nächsten Gabelung halten wir uns rechts, dann wieder links zur Begrenzungsmauer des Oberlands. Hier wenden wir uns rechts den Weg hinunter, dem Mittelland zu, bis eine scharfe Linkskurve kommt, der wir folgen. Nun geht es steil hinab ins Unterland, am Restaurant »Bunte Kuh« (links) vorbei. Dort biegen wir nach rechts Richtung Südhafen zum Jachthafen, wo es links in die Nordkaje und im Quadrat um das bebaute Gebiet herum zur Südmole mit Blick auf die Hummerbuden geht. Schließlich am Ende des Weges an-

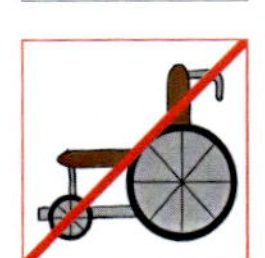

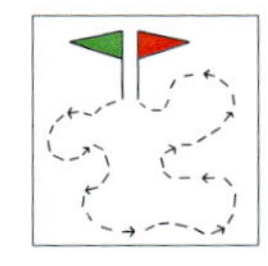

ca. 5,5 km
ca. 3 h (mit Besuch Vogelwarte 4 h)

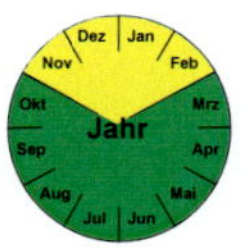

gelangt, gehen wir rechts an Hummerbuden und Binnenhafen vorbei zurück zum Denkmal.

Rollstuhlfahrer und Kinderwagen: Leider kein Rundweg möglich, folgen Sie der blau gestrichelten Wegführung.

Das Besondere: die Vogelwarte, der Lummenfelsen und die Aussichten.

Ausrüstung: Feste Schuhe, Regen- bzw. Windjacke, Feldstecher, Film- oder Fotokamera, Vogelbestimmungsbuch.

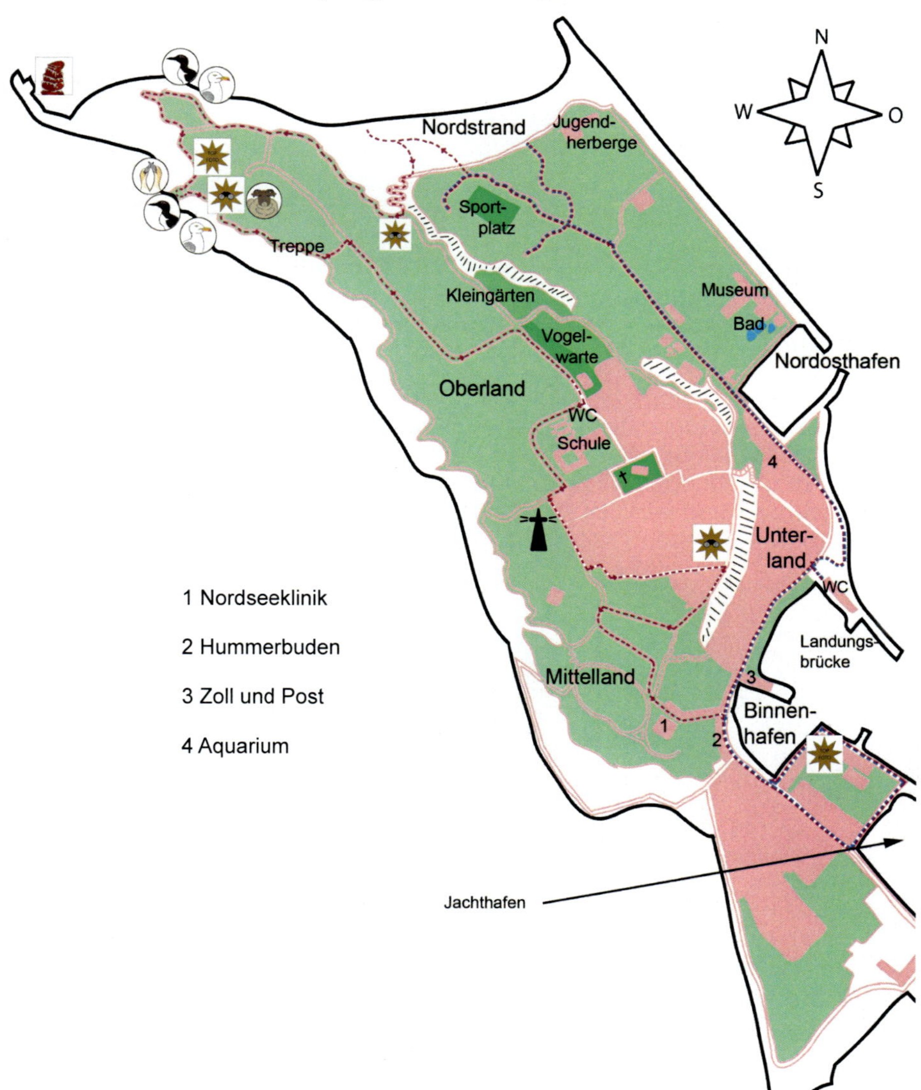

Das gibt es zu sehen

Der Weg bis zum Aufstieg zu den Klippen zeigt Ihnen die überraschend abwechslungsreiche Struktur der Insel. Vom städtischen Charakter geht es über zum Kurortflair, und weiter zu offenem Brachland bis zu einem Sportplatz. Das Brachland ist für viele Vögel ein wichtiger Ort der Erholung, an dem sie zudem ein abwechslungsreiches Nahrungsangebot finden.

Links: *Blick auf das Wellnessbad und die Düne.* ***Rechts:*** *Der Sportplatz ist selten belegt. Für auswärtige Fußballmannschaften ist der Weg hierher schlicht zu weit und zu teuer. Blick von der Klippentreppe aus.*

Oben auf der Klippe angekommen, sind die Lange Anna und die Vögel die erste Anlaufstelle. Aber auch die Heidschnucken lohnen einen Blick. Geschichte lässt sich auf Helgoland auf Schritt und Tritt erleben. In geschriebener Form, durch die kleinen, weißen Pyramiden am Wegesrand und wirklich fassbar durch die immer noch überdeutlich sichtbaren Bombentrichter, die im Grasland nicht zu übersehen sind.

Unzählige Bomben gingen auf Helgoland nieder – ganz abgesehen von der geplanten (aber zum Glück misslungenen) vollständigen Zerstörung der Insel nach dem 2. Weltkrieg durch die Engländer. Die Folgen sind in Form tiefer Löcher überall zu sehen.

Nachdem Sie den anstrengendsten Teil dieser Tour hinter sich haben, kommt die Vogelwarte gerade richtig, um ein wenig auszuruhen. So oder so, eine Führung durch die Vogelwarte gehört unbedingt zum Pflichtprogramm. Besonders für Kinder ist sie zu empfehlen. Leider gibt es keine täglichen Führungen (s. a. Kap. 14 »Helgoland von A–Z«).

Lassen Sie sich von starkem Wind, Nebel oder Regen nicht davon abhalten, diesen Rundgang zu unternehmen. Gerade bei solchen Wetterverhältnissen reicht ein Sonnenstrahl aus, um fantastische Lichtstimmungen herbeizuzaubern. Und weil Sie so nahe an die Tölpel herankommen, reicht eine Brennweite von 100–200 mm völlig aus. Selbst Handy- und Kompaktkameras sind in der Lage, die speziellen Lichtstimmungen einzufangen.

Diese Aufnahme entstand am frühen Morgen bei sehr unschönem Wetter. Als sich die Sonne ganz kurz zeigte, konnte ich mit meinem 70–200 mm Objektiv diese ungewöhnliche Stimmung einfangen.

Leicht zu übersehen: der Eingang zur Vogelwarte, einer Einrichtung, die zu Helgoland gehört wie der Lummenfelsen und die Lange Anna. Im unteren Bild sehen Sie einen Teil des Fanggartens, dessen Funktion während der Führungen ausführlich erklärt wird.

Wenige Meter unterhalb des Aussichtspunktes auf dem Oberland finden Sie auch im Winter den in Deutschland nur auf Helgoland vorkommenden Klippenkohl.

Haben Sie die Begrenzungsmauer im Oberland erreicht, so gibt es bei der Abzweigung zum Mittelland einen schönen Rundumblick auf die Düne, den Südhafen und das Mittelland. Beim »Abstieg« zum Mittel- und Unterland sind Klippenkohl zu finden und fast das ganze Jahr über Singvögel zu hören und zu sehen.

Am Binnenhafen angekommen, finden Sie den perfekten Platz für eine Panoramaaufnahme der Hummerbuden und des Hafens. Hier werden auch die Waren angeliefert, die per Fähre nach Helgoland gelangen. Damit ist das Ende der letzten Tour in Sicht. Vorbei an den Hummerbuden, dem kleinen Südstrand und der Landungsbrücke, erreichen wir schließlich wieder das Denkmal.

Im letzten Teil der Tour kommen Sie zum Binnenhafen, der einen schönen Blick auf die Hummerbuden, das Mittelland und den Binnenhafen bietet. Schönes Licht haben Sie am Morgen und frühen Nachmittag. Im hinteren Teil des Hafens sehen Sie die Börteboote vor Anker liegen.

Aus dem Leben der Basstölpel

Ganz ähnlich wie bei den Lummen stammt der Name »Tölpel« von der angeblichen Dummheit der Vögel. Die tropischen Arten dieser Familie lassen sich oft auf Schiffen nieder und zeigen kein Fluchtverhalten. Die Seeleute gaben ihnen daher den Namen »Tölpel«. Die Vorsilbe »Bass« bekam der Basstölpel, weil er seit Urzeiten auf der Felseninsel »Bass Rock« an der schottischen Ostküste brütet. 1993 brütete das erste Basstölpelpärchen erfolgreich auf Helgoland! Seitdem stieg die Anzahl der Brutvögel erfreulicherweise rasant an.

Ihre Nester bauen sie aus Seegras und Schnüren der im Meer entsorgten Fischernetze, die leider oft zum Tod von Lummen und Tölpeln führen.

Auf Helgoland brüten weit über 400 Basstölpelpaare. Davon viele in Sichtweite, so dass auch mit einer Brennweite von nur 100 mm eindrucksvolle Aufnahmen der Brutkolonie gelingen.

Die Jungen werden 90 Tage lang mit Makrelen und Heringen gemästet, bis diese von sich aus die Nahrungszufuhr verweigern. Zu fett zum Fliegen springen sie ins Meer und müssen dort so lange hungern, bis sie leicht genug sind, um vom Wasser abheben zu können. Erst dann sind sie selbstständig und führen viele Jahre ein Leben auf hoher See, bevor sie zum Brutfelsen zurückkehren, um selber zu brüten.

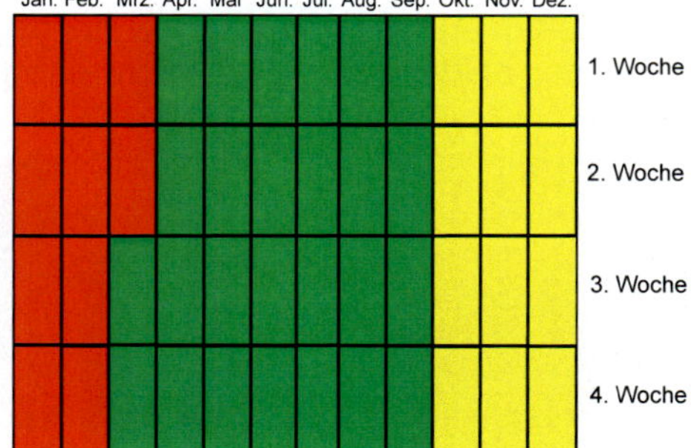

Optimale Beobachtungszeit für die Basstölpel (Sula bassana, E: Northern Gannet) auf Helgoland.

Das meist einzige Ei ist sehr robust und hält die 3 kg schweren Altvögel problemlos aus.

In der Geschichte vom hässlichen Entlein hätte auch ein Basstölpelküken die Hauptrolle spielen können. Erst wenn sie mit 5 Jahren geschlechtsreif sind, bekommen sie das wunderschöne, überwiegend weiße Federkleid ihrer Eltern.

Und zum Schluss: der Sonnenuntergang

Auf der Düne und auf Helgoland sind die Sonnenuntergänge oft der (fotografische) Höhepunkt des Tages. Selbst an regnerischen Tagen kann es einen wunderschönen Sonnenuntergang geben. Es lohnt sich also, jeden Abend den Himmel zu beobachten und dann im Norden einer der beiden Inseln den Sonnenuntergang zu bewundern.

Immer lohnenswert: die Sonnenuntergänge auf Helgoland mit fantastischen Lichtspielen.

Tafel 8: Tange 2

1 Knotentang, 2 Rinnentang, 3 Meersaiten, 4 Meersalat

13 Fototipps

Helgoland ist für Ihre Fotoausrüstung, des Windes und der Salzluft wegen, nicht ganz unproblematisch. Der Sand kann Ihre Optik geradezu zerschmirgeln. Und die salzhaltige Luft kann in Ihr Kameragehäuse eindringen. Achten Sie also auf Ihr Equipment und schützen Sie es, indem Sie unbenutzte Teile immer sofort in die Fototasche zurücklegen. Verwenden Sie außerdem möglichst einen Plastiküberzug, wenn es feucht wird.

Hier geht ein Sandsturm über Mutter und Kind hinweg. Rechts der Beleg, dass von den zwei »Hügeln« wenigstens einer ein Lebewesen ist.

Wegen der geringen Scheu der Tiere auf Helgoland und der Düne lassen sich selbst mit Handykameras, Kompaktkameras und den neuen, spiegellosen Kameras beeindruckende Fotos machen. Auch lohnt es sich, am Lummenfelsen Filmaufnahmen zu machen, denn gerade im bewegten Bild lässt sich beispielsweise die Anmut der Basstölpel sehr gut dokumentieren.

Auch auf einem Handyfoto kommt die Lange Anna gut rüber.

Doch grundsätzlich ist es natürlich sinnvoller, eine Spiegelreflexkamera einzusetzen, da sie die meisten individuellen Einstellungsmöglichkeiten und vor allem einen schnellen Autofokus besitzt.

Naturfotografie gehört zum abwechslungsreichsten in der Fotografiesparte. Hier wird einem alles abverlangt: Geduld, Schnelligkeit, technische Kenntnisse, Jagdinstinkt, Ortskenntnisse, weitgehende körperliche Fitness, Reiselust und: Kenntnisse über Tiere und Pflanzen. Auf Helgoland können wir dies alles in sehr entspannter Atmosphäre üben und in tolle Bilder umsetzen.

Nützlich und sinnvoll: ein Stativ und ein Schutzbezug für den Fotorucksack gegen Sand und Salzwasser.

Sinnvolle Fotoausrüstung für Helgoland

Wenn Sie folgende Ausrüstungsgegenstände mitnehmen, sollten Sie für alle Aufnahmesituationen gewappnet sein (natürlich müssen Sie jetzt nicht alles kaufen, was unten aufgelistet ist; nehmen Sie mit, was den Vorschlägen in etwa entspricht und was Sie zur Verfügung haben):

- Weitwinkel-Zoom im Bereich zw. 15 und 30 mm (für Landschaftsaufnahmen und Tiere in der Landschaft)
- 60 mm Makro (für Pflanzen)
- 50–100 mm Zoom (für Landschaftsausschnitte und für größere Tiere)
- 100–300 oder 200–500 mm Zoom (für Tiere mittlerer Größe, für Flugaufnahmen und für Landschaftsaufnahmen)
- 500 oder 600 mm Festbrennweite (für Tiere aller denkbaren Größen und für Porträtaufnahmen, z. B. der Robben)
- Konverter zw. 1,4 und 1,7fach
- ein stabiles Stativ (für das entspannte Fotografieren) mit einem Kugelkopf (für Flugaufnahmen)

- ein Fernauslöser (für Makroaufnahmen und für Motive, die einige Wartezeit benötigen, bis sie interessant werden)
- ein Polfilter (um Spiegelungen in Gewässern zu unterdrücken, Wolken knackiger erscheinen zu lassen und um in der Makrofotografie Reflexionen auf Blättern zu unterdrücken)
- Fotorucksack (bei längeren Wanderungen ist es für den Rücken gesünder, einen Rucksack zu tragen als eine Umhängetasche, die nur eine Schulter belastet)

Ein Wort zum Blitzen: In der Naturfotografie spielt der Blitz eine mehr oder weniger untergeordnete Rolle, denn mit dem natürlichen Licht alleine lassen sich Bilder zaubern, die mit keinem Blitz der Welt erzeugt werden können. Der häufigste Einsatz eines Blitzes liegt im Aufhellen des Motives.

Ein wenig Technik

► ISO

Die ISO-Zahl drückt die Lichtempfindlichkeit aus, mit der der Sensor Bilder aufnimmt. Gute Kameras ermöglichen eine gute Abbildungsqualität auch noch bei 800 ISO. Besonders bei den teilweise schwierigen Lichtverhältnissen am Lummenfelsen (gegen Abend liegen alle interessanten Motive im Schatten) ermöglichen die hohen ISO-Werte noch ein deutlich längeres Fotografieren als zu Zeiten des analogen Films.

► Weißabgleich

Der Weißabgleich ist eine der wichtigsten Einstellungsmöglichkeiten, die uns die Digitalkamera anbietet. Mithilfe des Weißabgleichs können wir an der Kamera oder bei der Bildbearbeitung immer genau die Lichtverhältnisse wählen, die der Aufnahmesituation entsprechen. Ich stelle den Weißabgleich zumeist auf automatisch.

► RAW-Format

Für viele wird es reichen, Bilder im JPG-Format zu machen. Ein wenig nachschärfen und evtl. das Bild noch heller oder dunkler machen, sollte ausreichen. Hat der Fotograf weitergehende Ambitionen, kommt er um Aufnahmen in RAW nicht herum. RAW kommt aus dem Englischen und steht für »roh«. Es ist ein Rohdatenformat für Bilddateien. RAW-Dateien sind kleiner als TIFF-Dateien, da die Farbinformationen erst nachträglich verarbeitet werden.

Im RAW-Format fotografierte Bilder müssen nachbearbeitet werden.

Parameter wie Weißabgleich, Farbsättigung, Kontrast, Schärfung und Tonwertkorrektur können wir in der RAW-Datei noch individuell den fotografierten Verhältnissen anpassen. Wenn Sie im JPG-Format fotografieren, werden alle Parameter durch die Kameraautomatik eingestellt.

Wer nicht genau weiß, wie er mit dem RAW-Format umgehen muss und sich vielleicht erst später um die beste Qualität kümmern möchte, der sollte seine Bilder gleichzeitig in RAW und JPG aufnehmen. So kann später immer noch entschieden werden, ob ein Bild als RAW nachbearbeitet werden soll.

Bildgestaltung

Der Fotograf macht sich sein (fotografisches) Leben deutlich leichter, wenn er versucht, konsequent mit einem Stativ zu arbeiten. So ist viel mehr Zeit vorhanden, in Ruhe ein Bild zu gestalten und die Konzentration auf das Motiv ist deutlich höher. Natürlich bestätigen Ausnahmen die Regeln. Gerade Aufnahmen von Basstölpeln im Flug gehen praktisch nur aus der Hand. Aber versuchen Sie auch bei diesem Motiv ein Stativ zu benutzen, es wird Sie an Erfahrung und vielleicht an besonderen Fotos reicher machen.

► Querformat

Kommt unserem Blickfeld sehr nahe und wirkt daher oft auch langweiliger.

Nicht immer ist das Querformat die beste Wahl.

► Hochformat

Ein Hochformatbild wirkt wegen des ungewohnten Anblicks oft interessanter.

Wenn das Motiv selbst schon in seiner Form eher länglich nach oben strebt, dann drehen auch Sie Ihre Kamera ins Hochformat. Wenn Sie unsicher sind, welches Format das richtige ist, machen Sie einfach je eine Aufnahme im Quer- und im Hochformat.

▶ Goldener Schnitt

Der sogenannte Goldene Schnitt teilt eine Strecke in einen kleineren (ein Drittel) und einen größeren Abschnitt (zwei Drittel). Ein Bild, welches nach diesem Kriterium gestaltet wird, gilt als harmonisch (die abgebildeten Fotos im Quer- und Hochformat sind Beispiele dafür).

Was macht ein gutes Naturfoto aus?

▶ Schärfe

Schärfe ist bei jedem Motiv wichtig. Bei Tieraufnahmen ist ein detailreiches, scharfes Bild beinahe so wichtig wie ein gut gestaltetes Bild. Achten Sie darauf, dass die Schärfe in den Augen liegt und ein Lichtpunkt im Auge erscheint. Dieser Punkt ist wichtig, damit das Tier einen »lebendigen« Eindruck macht.

▶ Schärfentiefe

Schärfentiefe hat nicht direkt etwas mit der Schärfe zu tun! Sie wird durch die Wahl der Blende bestimmt und ist verantwortlich für den Bereich, der zusätzlich sichtbar und erkennbar ist. Typische Beispiele für verschiedene Schärfentiefen finden Sie in Tour 5. Die Kohlmeise und der Grünfink haben im Hintergrund eine sehr geringe Schärfentiefe, bei der Amsel dagegen findet sich ein großer Schärfentiefenbereich im Hintergrund.

► Licht

Licht ist für die Fotografie im Allgemeinen natürlich DAS Gestaltungsmittel. Jeder Fotograf sollte sich bewusst sein, dass ohne Licht auch keine Fotografie möglich wäre. Besonders schönes Fotolicht herrscht (das ganze Jahr über gesehen) bis 2 Stunden nach Sonnenaufgang und ab 2 Stunden vor Sonnenuntergang.

Licht ist das Salz in der Suppe des Naturfotografen.

Makroaufnahmen

Die Faszination der Nah- und Makrofotografie liegt darin, kleine Dinge groß darzustellen. Hier erschließt sich für uns eine ganz neue Welt. Details, die wir mit dem Auge gar nicht oder nicht genau sehen können, werden sichtbar. Besonders wichtig in der Makrofotografie ist die Schärfentiefe.

Makroobjektive sind speziell berechnete Objektive, die ihre optimale Abbildungsleistung im Nah– bzw. im Makrobereich erreichen. Für Helgoand reicht eines im Bereich von 60 mm völlig aus.

Eine Alternative sind Nahlinsen, sie reduzieren die Brennweite und erlauben somit eine kürzere Aufnahmedistanz. Es gibt sie mit unterschiedlichen Dioptrienzahlen, z. B. +1,0 oder +2,0.

Tiere

Für jeden Naturfotografen ist die Tierfotografie die Krönung seines Schaffens. Das Erlebnis, einem frei lebenden Tier bis auf wenige Meter nahe zu kommen, ohne dass dieses vor uns flüchtet, gehört zu den schönsten Momenten eines jeden Menschen.

Ich denke, dass jedem Leser bewusst ist, dass einem Tier niemals ein Leid zugefügt werden darf, nur um es auf den Sensor seiner Kamera zu bannen. In ganz Europa gibt es klare Gesetze, die es verbieten, Tiere zu quälen oder sie zu fangen. Dies ist in der Naturfotografie auch überhaupt nicht nötig. Beachten Sie also bitte das Gebot, 30 Meter Abstand zu den Robben und Seehunden einzuhalten. Machen

Sie keine Weitwinkelaufnahmen von Einzeltieren, indem Sie diesen bis auf wenige Zentimeter auf den Pelz rücken. Seien Sie ein Vorbild!

Ein kleiner Denkanstoß:

»Ihr Berufsethos gebietet Tierforschern wie Tierfilmern, nicht in die natürlichen Abläufe einzugreifen. Die schwarzen Schafe der boomenden Tierfilmbranche allerdings greifen kriminell ein. Der preisgekrönte amerikanische Tierfilmer Marty Stouffer wurde erwischt, als er einen dressierten Puma auf einen zahmen Hirsch losließ. Stouffer zerstörte auch Biberburgen, um die Baumeister zu neuer Tätigkeit anzuregen, ja, er färbte sogar ein Frettchen in einen seltenen Schwarzfuß-Iltis um. Der Meeresforscher und Unterwasserfilmer Jacques Cousteau sprengte Riffe und quälte Fische mit Stromstößen zu Tode. Im Kampf um Geld und Quote mutieren manche Tierfilmer zur Bestie.«

Zitat aus: »Vom Tier zum Trick – Abenteuer Tierfilm« von Peter Rothammer. Eine Co-Produktion des Westdeutschen Rundfunks mit dem Bayerischen Rundfunk. Gesamttext nachzulesen unter: http://www.peter-rothammer.de/tier.pdf

Auf der Düne

__1__ Die sanfteste und am wenigsten störende Art, auf Robbenjagd zu gehen, ist, sich in ca. 30 m Abstand zu den Tieren hinzusetzen und zu warten, was die Tiere dem Fotografen an Motiven anbieten. __2__ Die jungen Kegelrobben sind sehr neugierig, Sie müssen nicht zu ihnen hingehen und Sie bedrängen. Auch mit einem 200 mm Objektiv gelingen Ihnen solche Aufnahmen. __3__ Auch die Möwen lassen sich mit Brennweiten bis 300 mm formatfüllend ablichten. Dieses Bild entstand mit einer Brennweite von 280 mm.

Auf Helgoland

***Links:** Die Basstölpel kommen Ihnen so nahe, dass schon Objektive mit 100 mm ausreichen, um spektakuläre Bilder zu machen. **Rechts:** Achten Sie bei Flugaufnahmen darauf, dass Sie sehr kurze Belichtungszeiten einstellen. Ihre Kameraautomatik darf ruhig die dazu passende Blende wählen. Die Belichtungszeit hier: 1/5000 sec.*

***Links:** Selbst mit einem Weitwinkel-Objektiv (hier 23 mm) haben Sie die Chance, das Leben in der Basstölpelkolonie auf spannende Art und Weise festzuhalten. **Rechts:** Natürlich sind Brennweiten von 500 mm hilfreich, so wie bei dieser Aufnahme.*

Und seien Sie nicht traurig, wenn Sie das perfekte Bild nicht schon beim ersten Helgolandbesuch im Kasten haben. Bei mir sah das ganz genauso aus!

Das Bearbeiten der Bilder

Workflow (also »automatisierte« Reihenfolge der Bildbearbeitung):

- Schnellsichtung der Bilder am Kameramonitor; unscharfe werden sofort (noch auf der Speicherkarte) gelöscht.
- Speicherkarte wird an den Laptop/Computer angeschlossen, dabei Sichtung der Bilder, währenddessen sofortiges Löschen der Bilder, die technische oder gestalterische Mängel aufweisen.
- Verschieben der übrig gebliebenen Bilder auf die externe Festplatte mit gleichzeitiger Ablage der Bilder in das Archivierungssystem. Dies sieht dann so aus: 01A2012 (Bilder gemacht von 1.1. bis 15.1.12), 01B2012 (16.1. bis 31.1.12), 02A2012 (1.2.-15.2.12) usw.
- Brennen der neuen Bilder auf eine DVD.
- Bearbeitung der RAW-Bilder: Weißabgleich, Farbmoiré-Reduzierung, Staubentfernung, Korrektur der chromatischen Aberration, Scharfzeichnung, Kontrast, Farbsättigung.
- Speicherung der Bilder im TIFF- und im JPG-Format auf eine externe Festplatte. TIFF wegen der hohen Qualität für den Druck und JPG für das Internet und Diashows.

Speichermedien

- Speicherkarte: kein Dauerspeichermedium!
- USB Stick: kein Dauerspeichermedium!
- interne Festplatte: Abspeicherung der Bilder = Sicherheitskopie Nr. 1.
- externe Festplatte: Ich benutze für Fotoreisen zur Abspeicherung meiner Bilder externe Outdoor-Festplatten= Sicherheitskopie Nr. 2. Dies sind geländetaugliche Speicher für unterwegs, die mit einem unempfindlichen Metallgehäuse, einer stoßabfedernden Gummi-Ummantelung und einem internen Stoßdämpfer ausgerüstet sind.
- CD: als Speichermedium ein auslaufendes Modell.
- DVD: aktuelles Speichermedium, gute DVDs halten länger als CDs.
- Blu-ray Disc: Nachfolger der DVD, mit der sehr hohen Speicherkapazität von 27 GB.

Software

- Ohne gute Software geht im Fotobereich nichts mehr. Sowohl zum Betrachten der Ergebnisse als auch zur Bearbeitung und Archivierung führt kein Weg an diesem Hilfsmittel vorbei.
- Bekannteste Software: Adobe Photoshop Elements.

Präsentation Ihrer Bilder

- Diashow per PowerPoint zusammenstellen und diese per TV oder Leinwand und Beamer präsentieren,
- oder aber über ein Fotobuch, was sehr edel aussieht und überallhin mitzunehmen ist.

14 Helgoland von A–Z

Die wenigsten wissen, dass Helgoland eine völlig autarke Insel(gruppe) ist. Es gibt Supermärkte, Restaurants, Kneipen, eine Post, Ärzte, ein Krankenhaus und vieles mehr was zur Versorgung einer Kleinstadt nötig ist. Die Versorgung erfolgt über Schiffe und per Flugzeug. Das Preisniveau ist daher aber leider etwas höher als auf dem Festland. Übernachtungsmöglichkeiten gibt es dafür in allen Preisklassen, selbst Familien mit Kindern sollten, wenn frühzeitig gebucht wird, eine preislich moderate Bleibe finden.

Ampel: Gibt es! Und zwar auf der Düne beim Flugplatz. Startet oder landet ein Flugzeug, werden die Ampeln auf Rot geschaltet, da die Flugzeuge direkt über die Fußwege hinweg fliegen.

Angeln: Möglich mit einem der Fischer auf Helgoland (siehe auch Broschüre »Helgoland ist inseliger«) oder vom Ufer aus mit Fischereischein.

Anreise: Es gibt zwei Varianten, Helgoland zu erreichen: 1) per Flugzeug (siehe dort) und 2) per Fähre (siehe dort).

Apotheke: Auf dem Oberland, Steanaker Nr. 359, Tel.: 7742.

Appartement: siehe Übernachtung.

Aquarium: Die einheimische Unterwasserwelt Helgolands bequem zu Fuß erkunden. Leider sind im Winter die Öffnungszeiten sehr eingeschränkt. Empfehlenswert: eine Führung hinter die Kulissen!

Ärzte: Es gibt eine Reihe von Ärzten auf der Insel, u. a. für Allgemeinmedizin, Notfallmedizin, Chirurgie, Zahnmedizin und sogar Tiermedizin

Ausbooten: Spektakuläre und in Deutschland einmalige, aber grundsätzlich ungefährliche Art und Weise, im Sommer von der Fähre auf die Insel gebracht zu werden. Das Ausbooten wird mit offenen, hochseetauglichen Börtebooten durchgeführt. Ein Boot bietet 40–50 Passagieren Platz. Der Grund für das Ausbooten liegt vor allem am Platzmangel. Es können im Sommer nur wenige Schiffe im Hafen anlegen. Leider gibt es Pläne, diese aussergewöhnliche touristische Attraktion zu verbieten.

Autos: Theoretisch ist Helgoland autofrei. Aber wenige Ausnahmen bestätigen die Regel. So fahren u. a. Polizei, Krankenwagen, Taxi und einige wenige LKW herum. Auf der Düne gibt es ebenfalls ein Bus-Taxi. Die meisten Fahrzeuge sind übrigens Elektrofahrzeuge.

AWI: Das Alfred-Wegener-Institut (AWI) forscht in der Arktis, Antarktis und den Ozeanen der mittleren und hohen Breiten. Es koordiniert die Polarforschung in Deutschland und stellt den Forschungseisbrecher Polarstern und Stationen in der Arktis und Antarktis für die nationale und internationale Wissenschaft zur Verfügung. Auf Helgoland ist die Biologische Anstalt Helgoland als Zweigstelle vertreten.

Baden: Auf der »Düne« gibt es zwei bewachte Badestrände, einen am Nordstrand und einen am Südstrand, mit feinem Sand und kostenlosem Blick auf neugierige Robben und Seehunde.

Banken: Sparkasse und Volksbank, beide im Unterland mit Geldautomaten.

Behinderte: siehe Rollstuhlfahrer

Biologische Anstalt Helgoland (BAH): Integriert in der Stiftung AWI für Polar- und Meeresforschung, untersucht Lebensgemeinschaften in der Nordsee. Veränderungen der Artenvielfalt sind besonders auffällig und können als Indikator für natürliche oder vom Menschen verursachte Umweltveränderungen genutzt werden. Die Biologische Anstalt Helgoland, die 1892 als Königlich Biologische Anstalt gegründet wurde und seit 1998 zur Stiftung Alfred-Wegener-Institut gehört, untersucht diese Einflüsse.

Bootsausrüstung: Im Südhafen gibt es einige Läden mit den wichtigsten Dingen für die Bootsfahrt.

Börteboote: Hochseetüchtige, aus Eichenholz gefertigte und 8 Tonnen schwere Boote, die per Dieselmotor angetrieben werden. Sie sind typisch für Helgoland und gelten als das sicherste Verkehrsmittel Deutschlands.

Bücherei: Im Nordosthafen gibt es eine Gemeindebücherei. Sie ist ganzjährig geöffnet; Öffnungszeiten siehe unter www.helgoland.de.

Bungalows: Zwei Arten gibt es auf der Düne: klassisch und komfortabel, leider nur im Sommer zu mieten, und zwar vom 1. April bis 31. Oktober; absolut empfehlenswert.

Bunker: Wie überall in Deutschland, so haben die Nazis auch auf Helgoland ihre Spuren hinterlassen. Die Bunker können besichtigt werden, Informationen im Touristikbüro.

Camping: Auf der Düne möglich, ca. 100 Stellplätze, geöffnet vom 1.5. bis 15.10. Informationen im Touristikbüro.

der helgoländer: Monatlich erscheinende Zeitschrift über das Leben auf Helgoland. Unbedingt zu empfehlen, wenn jemand wirklich mehr über Helgoland und dessen Bewohner erfahren möchte.

Disco: siehe Nachtleben

DRK: Direkt an der Landungsbrücke, an dem die Dünenfähre und die Börteboote an- und ablegen. Verleih u. a. von Kinderwagen und Rollstühlen.

Düne: Die den meisten Besuchern unbekannte zweite Insel Helgolands. Sie hat keinen bestimmten Namen und wird einfach »Düne« genannt.

Dünenfähre: Das ganze Jahr über tägliche Fährenverbindung zwischen Helgoland und Düne, Regelabfahrzeiten von 7–17 Uhr im Winter und von 7–21 Uhr im Sommer immer stündlich. Zusätzlich im Sommer zw. 8 und 19 Uhr jede halbe Std. und tlw. bis 23 Uhr. Unbedingt die Informationen in der Dünenfähre oder bei der Dünenkasse beachten, auch für zusätzliche Fahrten. Abfahrt in der Regel von der Landungsbrücke. Bei ungünstigen Wetterbedingungen Abfahrt Nordosthafen.

Tickets gibt es nur an der Dünenfährekasse (direkt am Anleger der Dünenfähre). Außerplanmäßige Zusatzfahrten sind möglich: 25 Euro innerhalb, 75 Euro außerhalb der Betriebszeiten, Buchung beim Betriebsleiter und/oder im Fährbüro (liegt im letzten Raum in der Gebäudezeile auf der Landungsbrücke) zwischen 8 und 16 Uhr. Die Fahrkarten für Hin- und Rückfahrt (4 Euro Einzelfahrt hin und zurück, Mehrfachkarten günstiger) bekommen Sie an der Fährkasse bis 17 Uhr, danach an Bord der Dünenfähre.

Dünenfährkasse: Hier sind die Tickets für die Dünenfähre, Souvenirs und informative Faltbroschüren erhältlich. Wenn Sie mehrmals fahren, gibt es auch vergünstigte Mehrfahrtenkarten. Die Karten sind übertragbar und unbegrenzt gültig, daher können Sie diese auch mehrere Jahre benutzen. Schließlich gibt es auch noch eine Gepäckaufbewahrung. Dort können Sie ihr Reisegepäck abstellen, wenn Sie schon vor Abfahrt der Fähren Ihre Unterkunft verlassen müssen.

Edeka: Es gibt je einen im Unterland und im Oberland.

Fähre und Fahrzeit der Fähren: Zwei Arten fahren nach Helgoland: 1) von April bis Ende Oktober der »Halunder Jet« (ein Katamaran) von Wedel, Hamburg und Cuxhaven aus. Vorteile: Reisende haben eine Stunde längeren Aufenthalt auf Helgoland, Passagiere werden nicht ausgebootet; Nachteile: fährt bei rauer See nicht, legt im Südhafen an, daher weitere Gehwege; Passagiere werden nicht ausgebootet. 2) ganzjährig die klassischen Fähren von Bremerhaven, Büsum, Wilhelmshaven und Cuxhaven (von Oktober bis April nur von Cuxhaven!). Vorteile: echtes Seefahrterlebnis; fahren (fast) immer; im Sommer wird ausgebootet (im Winter nicht, da legen sie direkt am Jachthafen, der beim Südhafen liegt, an). Nachteil (für mich persönlich übrigens kein Nachteil): Passagiere werden ausgebootet. Die Fahrzeiten der Schiffe von und nach Helgoland vom nächstgelegenen Hafen in Cuxhaven belaufen sich auf 130 Minuten bei einem konventionellen Seebäderschiff und auf 75 Minuten beim Katamaran. Sie kommen aber zeitgleich auf Helgoland an!

Fahrräder: Das Benutzen durch Privatleute ist auf beiden Inseln nicht erlaubt.

Fahrstuhl: Fährt vom Unter- ins Oberland und vica versa; etwas schwierig zu finden, da er ein wenig versteckt in einer Unterführung liegt; kostenpflichtig.

Feiertage: Geschäfte sind in der Regel sonn- und feiertags geöffnet. Spezielle Helgoländer Feiertage sind: 1. März: Gedenken der Freigabe Helgolands 1952; 1. April: Saisoneröffnung und Hissen der Helgolandflagge auf der Düne; 9. Juli: Inselfest

Ferienwohnung: siehe Übernachtung

FKK: Auf der Düne möglich.

Flaggenfarben: Grün (für das Land), Rot (für die Klippenfarbe), Weiß (für den Strand). Helgoland besitzt das älteste Wappen im Kreis Pinneberg. Es stammt aus dem Jahre 1696 und beruht auf einer von Herzog Friedrich IV. verliehenen Schifffahrtsflagge. Die Farben des Wappens wurden erst im 19. Jahrhundert mit dem Erscheinungsbild der Insel begründet. Bekannt ist der folgende Spruch: »Grün ist das Land, rot ist die Kant (seltener: Wand), weiß ist der Sand: Das sind die Farben von Helgoland.«

Flugplatz: Liegt auf der Düne und erlaubt Flugzeugen (auch privaten) einer bestimmten Größe dort zu landen. Täglicher Linienverkehr u. a. von Bremerhaven, Büsum und Cuxhaven aus; nähere Informationen: www.flughafen-helgoland.de.

Freibad: Ein Meerwasserfreibad findet sich am Nordostteil Helgolands.

Freizeit: Wer möchte, kann sich auch ohne Tiere amüsieren, allerdings sind im

Winter die Angebote deutlich eingeschränkt! Hier eine Auswahl der Möglichkeiten: Angeln, Aquafitness, Baden, Heiraten, Mini-Golf (Helgoland und Düne), Sauna, Schach, Schießen, Schwimmen im Hallenbad, Segeln, Spa, Tennis, Trampolinspringen. Zudem gibt es sehr schöne Abenteuerspielplätze auf Helgoland und der Düne.

Friedhof: Es gibt zwei Friedhöfe: einen auf Helgoland, der deswegen erwähnt wird, weil dort als ungeschriebenes Gesetz »Birding verboten« gilt, und der zweite auf der Düne. Dort liegen die namenlosen Toten (Friedhof der Namenlosen), die auf Helgoland angeschwemmt wurden. Ein Besuch lohnt sich!

Friseur: Gibt es, Voranmeldung ist meist notwendig.

Führungen: Gibt es erstaunlich wenige, vor allem, wenn es um die Vogelwelt geht. Regelmäßige (also tägliche) Führungen (meistens nur April bis Oktober): Führungen zu den Robben und durch den Außenbereich der Vogelwarte. Regelmäßig, aber nur selten mehr als einmal pro Woche, finden Führungen in die Bunker der Kriegszeit und zu den Lummen statt. Im Großen und Ganzen war es das. Ich hoffe, dieses Buch hilft dabei, einige Führungen mehr zu etablieren – Potenzial dafür gäbe es sicherlich.

Gätke, Heinrich: (geb. 1814, gest. 1897) lebte von 1837 auf Helgoland, wo er 1841 auch heiratete. Er war Maler, Jäger und Präparator. Sein Interesse galt vorrangig der Vogelkunde, wobei er auch den Geschmack der gejagten Vögel zu würdigen wusste. Er gilt als Gründer der Vogelwarte Helgoland und veröffentlichte 1891 das bedeutsame Werk »Die Vogelwarte Helgoland«. Ein überaus bezauberndes Buch über seine Beobachtungen, welches von der Sprache her sehr an Bernhard Grzimeks Bücher erinnert. Ob letzterer Gätkes Schreibstil so gut fand, dass er diesen übernahm? Möglich wäre es. Gätke ist für Helgoland ein Glücksfall gewesen und wer weiß, ob es ohne ihn heute eine Vogelwarte gäbe und damit die vielen Forschungsmöglichkeiten, wie sie die Abertausenden von Vögeln, die auf Helgoland einen Zwischenstopp machen, bieten.

Geduld: Helgoland bedeutet Ruhe und Abgeschiedenheit. Daher sollte der Festländer wissen, dass alles etwas länger dauert und dass es – vor allem im Supermarkt – auch einmal eine lange Schlange geben kann. In Kneipen und Restaurants kann es vorkommen, dass es sehr lange dauert, bis die Servicekraft den Gast entdeckt. Immer wieder konnte ich beobachten, wie der eine oder andere nach 10-, 20-minütiger Wartezeit die Örtlichkeit unbedient verlassen hat. Ein Grund für die ab und zu übersehenen Gäste liegt darin, dass auf Helgoland extrem viele Saisonarbeiter vom Festland einige Monate auf der (den) Insel(n) verbringen und eine gewisse Eingewöhnungszeit benötigen.

Gepäckaufbewahrung: Direkt im Raum der Dünenkasse an der Landungsbrücke. Sehr praktisch für das Aufbewahren des Gepäcks, wenn Sie mit der Fähre zum Festland möchten, da von der Landungsbrücke aus die Börteboote starten. Achtung 1: Im Winter gibt es keine Garantie für diese Art der Aufbewahrung! Gäste, die sich im Winter länger auf Helgoland aufhalten, müssen sich grundsätzlich mit einem deutlich eingeschränkteren Serviceangebot abfinden. Achtung 2: Dieses Serviceangebot kann jährlichen Veränderungen unterworfen sein. Daher bitte vor Ort nachfragen.

Gepäckdienst: Mit Aufbewahrung in der Gepäckhalle (hat nichts mit der Gepäckaufbewahrung an der Dünenkasse gemein) gegenüber dem Zollamt. Die mit Kosten verbundene Gepäckausgabe ist nur in einem extrem engen Zeitfenster von 14–14.30 Uhr möglich. Tel.: 313, mobil: 01711762260.

Häfen: Es gibt fünf Häfen und diese sind für den Besucher sehr verwirrend, da sie nicht eindeutig beschildert sind. Im einzelnen sind es diese: 1) der Südhafen für

Sportboote (Jachthafen), dem »Halunder Jet« (im Winter auch für die klassischen Fähren), für Seenotrettungsboote; 2) der neu erbaute Hafen Südkaje für Versorgungsschiffe; 3) der Binnenhafen mit der Landungsbrücke und den Hummerbuden für die Börteboote und die Dünenfähre; 4) der Nord-Ost-Hafen für Sportboote und als Ausweichhafen für die Dünenfähre; 5) der Dünenhafen auf der Düne, der nur für die Dünenfähre und Börteboote zulässig ist.

Halunder: Ist der auf Helgoland gesprochene friesische Dialekt, er wird heute nur noch von etwa einem Drittel der Einwohner gesprochen. In Volkshochschulkursen wird Helgoländisch noch unterrichtet. Das Halunder ist neben der standarddeutschen Amtssprache zum Amtsgebrauch zugelassen. Wer mit der Fähre Helgoland erreicht, wird von der Landungsbrücke mit »Iip Lunn« begrüßt, was »auf Helgoland« bedeutet.

Hausnummern: Eine Besonderheit sind die Hausnummern auf Helgoland. So gibt es jede Hausnummer, unabhängig von der Straße, nur einmal. Die Zählung beginnt im Unterland mit Haus Nr. 1 (Zollamt) und endet bei 299 in der Husumer Straße. Die Häuser im Oberland beginnen mit 301 (Wohnungsanlage Fernsicht) und enden bei 718 (Mehrfamilienwohnhaus Leuchtturmstraße). Gebäude mit Hausnummern über 1000 gehören zum Hafen. Insgesamt gibt es 108 Straßen, Wege und Gassen auf Helgoland.

Heilbad: Auf Helgland gibt es ein anerkanntes Seeheilbad.

Helgoland: Etwa 67 Kilometer südwestlich der Insel Sylt und 57 Kilometer nordwestlich der niedersächsischen Küste bei Cuxhaven gelegen. Die Hauptinsel von Helgoland wird in das Oberland, das Mittelland und das Unterland unterteilt. Sie besitzt im Süden neben der Landungsbrücke einen kleinen Sand-Badestrand und fällt im Norden, Westen und Südwesten in steilen Klippen gut 50 Meter zum Meer hin ab. Der Strand im Norden ist wegen der starken Strömung nicht zum Baden geeignet. Am Nordwestende der Hauptinsel befindet sich das bekannteste Wahrzeichen Helgolands – die Lange Anna. Die Nebeninsel »Düne« befindet sich knapp einen Kilometer östlich der helgoländischen Hauptinsel. Auf ihr ist auch der kleine Helgoländer Flugplatz neben dem Campingplatz und dem alten sowie dem neuen Bungalowdorf angelegt. Auf der Düne wird gebadet und es ist der Treffpunkt von Hunderten von Kegelrobben und Seehunden. Nach Ende des zweiten Weltkriegs wollten die Engländer Helgoland sprengen, damit niemals wieder Deutsche von dort aus einen Krieg führen konnten. Ein Video der unglaublichen Sprengung finden Sie bei YouTube unter »Heligoland 1947 'British bang' – Largest Non nuclear explosion«.

Helgolandliteratur: Ein kleiner aber feiner Laden im Unterland auf Helgoland in der Buch- und Kunsthandlung »Maren Knauß«, Siemensterrasse 140. Dort finden Sie die höchste Dichte an Veröffentlichungen über Helgoland, deren Menschen und natürlich über die Tiere. Zudem finden Sie dort auch Bilder und Zeichnungen mit Helgoland als Thema. Danach ein Muss: zu »Gudrun« (siehe Restaurants).

»Helgoland ist inseliger«: Broschüre der Kurverwaltung mit wichtigen Infos über den Aufenthalt auf Helgoland.

Helgoländer: Es gibt nicht mehr sehr viele »richtige« Helgoländer. Ein Grund ist der, dass Geburten nur noch auf dem Festland stattfinden (müssen).

Helgoländisch: siehe Halunder

Hotel: siehe Übernachtung

Hummerbuden: Im skandinavischen Stil erbaute, pastellfarbene kleine Holzhäuser, die früher den Fischern als Lagerplätze und Werkstätten dienten. Heute beherbergen sie kleine Restaurants, dienen als Verkaufsstellen für Kunst und Fotografien und der Verein Jordsand hat dort eine kleine Ausstellung zur Tierwelt Helgolands.

Hunde: Auf Helgoland ausschließlich angeleint erlaubt; auf der Düne u. a. wegen der großen Gefahr der Ansteckung mit Krankheiten für die Robben verständlicherweise ganz verboten. Es gibt beinahe jedes Jahr Meldungen von nicht angeleinten Hunden, die ein Schaf (die frei auf Helgoland weiden) zerfleischt haben. Für mich stellt sich die grundsätzliche Frage, warum überhaupt Hunde auf Helgoland zulässig sind. Niemand käme auf die Idee, auf eine Afrikasafari oder auf die Galapagos-Inseln einen Hund mitzunehmen. Ich konnte mehrmals Fotos von freilaufenden Hunden machen; eine Besitzerin, daraufhin angesprochen, erwiderte, dass sie keine Gefährdung der Vogelwelt sähe und ihre Hunde keine Jagdgelüste hätten, welches ihre Hunde durch den Angriff auf einen brütenden Austernfischer Sekunden später eindrucksvoll widerlegten.

Inselbahn: Eine elektrisch betriebene Eisenbahn, um sich auf dem schnellsten Weg per Rundfahrt einen Überblick über Helgoland zu verschaffen. Nicht besonders innovative Art der Informationsweitergabe (während der Fahrt läuft ein Band mit gesprochenen Infos ab), aber besonders für Personen mit Gehbehinderungen zu empfehlen. Abfahrt an der Landungsbrücke, Dauer ca. 1 Stunde (nur im Sommer).

Internet: Helgoland: Bei eigener Internetverbindung teilweise sehr mühsame und langsame Verbindung; Hotspot bei der Post im Edeka im Unterland. Beste Möglichkeit ist aber, sich eine Unterkunft zu suchen, die kostenloses WLAN anbietet, dann gibt es meistens einen sehr schnellen und stabilen Internetzugang. Düne: Auf der Düne ist praktisch nur eine eigene Internetverbindung möglich. Im Schalterraum des Flugplatzes kann man auch auf Anfrage für kurze Zeit kostenlos surfen.

Jugendherberge: Liegt im Nordosten Helgolands, ganzjährig geöffnet.

Katamaran: »Halunder Jet«, in den Sommermonaten eine Alternative zur klassischen Fähre.

Kegelrobben: Häufigste Robbenart auf Helgoland.

Kleidung: Es gibt einige Läden mit den verschiedensten Arten von Kleidung. Am Südhafen (dort wo der Katamaran anlegt) befindet sich eine Art Outdoorgeschäft (»Rickmers«), welches zudem einige Camping- und Bootsartikel im Angebot hat. Tipp: Hier lassen sich auch Reifen aufpumpen!

Kleingärten: Für den Erstbesucher sehr überraschend, finden sich auf der Ostseite Helgolands einige Kleingärten. Im Prinzip eine (floristische) Bereicherung für die Insel, leider erscheinen einige wenig repräsentativ.

Klima: Auf Helgoland herrscht typisches Hochseeklima mit ganzjährigen Niederschlägen und nur geringen tageszeitlichen Temperaturschwankungen. Die Luft ist nahezu pollenfrei und damit ideal für Allergiker. Helgoland weist insgesamt mehr Sonnenstunden auf als das deutsche Festland. Die Insel hat das wintermildeste Klima Deutschlands; Schnee fällt selten. Im Sommer liegen die Temperaturen um 20 °C (wobei es auch deutlich heißer werden kann!). Die Wassertemperaturen der Nordsee steigen bis zum August auf 16–17 °C. (Siehe auch bei »Wetter«)

Klippenkohl: Die Wildform aller unserer Kohlformen wächst und gedeiht prächtig auf Helgoland. Beste Zeit zum Schauen und Fotografieren: Mitte Mai bis Ende Juni.

Kneipen: siehe Nachtleben

Knieper: Die wohlschmeckenden (Krabben-)Scheren des vor Helgoland lebenden Taschenkrebses.

Krankenhaus: Gibt es, und zwar die Paracelsus-Nordsee-Klinik, mit allem, was zu einem Krankenhaus gehört.

Krabben: Frische Krabben gibt es ab und zu im Südhafen (wo der Katamaran anlegt), Aushang bei der Fährkasse beachten.

Kurtaxe: Auch Kurkarte oder HelgolandCard genannt. Sie beträgt für Erwachsene vom 1. April bis 31. Oktober 2,75 Euro pro Tag und vom 1. November bis 31. März 1,50 Euro pro Tag.

Kurverwaltung: Im Rathaus zu finden, hier können Sie auch die Broschüre »Helgoland ist inseliger« bestellen. Anschrift: Kurverwaltung Helgoland, Lung Wai 28, 27498 Helgoland.

Kühe: Auf Helgoland werden zur Kurzhaltung der Wiese schottische Galloway-Rinder eingesetzt. Die attraktiven Tiere haben eine Widerristhöhe von ca. 130 cm und werden bis zu 800 kg schwer (die Bullen).

Krüss, James: Waschechter Helgoländer, der deutschlandweit wegen seiner Kinderbücher bekannt ist. International machte er sich u. a. durch die Fernsehverfilmung seines Buches »Timm Thaler oder Das verkaufte Lachen« einen Namen.

Landungsbrücke: Ort, an dem jeder landet, der im Sommer mit der Fähre ausgebootet wird. Hier befinden sich außerdem: das DRK mit Rollstuhl- und Rollatorverleih; ein öffentliches WC (geöffnet in der Regel: 1.4.–31.10.: 8–21 Uhr und 1.11.–31.3.: 8–18 Uhr); in der Regel Abfahrt und Ankunft der Dünenfähre; Dünenfährkasse und Gepäckaufbewahrung; Aushang der wichtigsten Veranstaltungen und Preislisten; Abfahrt und Ankunft der Börteboote, wenn ausgebootet wird.

Lange Anna: Rote Felsnadel im Nordwesten Helgolands, auf dem Tausende Tölpel und Lummen brüten. Gilt als das Wahrzeichen Helgolands.

Leuchtturm: 1. Der 35 m hohe Backsteinbau auf dem Helgoländer Oberland ist das einzige Gebäude, welches den Zweiten Weltkrieg überstanden hat. Das Leuchtfeuer hat eine Reichweite von ca. 30 Seemeilen (ca. 55,56 km) 2. auf der Düne.

Live-View: Am Lummenfelsen wäre es sicher sehr interessant, eine Kamera zu installieren, um mit diesen Bildern über einen großen Monitor den Besuchern einen Einblick in die Kinderstube von Lumme & Co. zu gewähren. Man könnte z. B. täglich eine veränderte Kameraposition einstellen und so den Nutzwert noch mehr erweitern. Während meiner Fotoarbeiten konnte ich dieses im Kleinen über meinen Kameramonitor einigen interessierten Menschen schon einmal gönnen.

Lummenfelsen: Was wäre Helgoland ohne ihn? Hier treffen im Frühling und Sommer Menschen aus aller Welt zusammen, um sich einem einmaligen Schauspiel hinzugeben. Wer Kontakt sucht, ist hier jedenfalls richtig, es gibt Vogel-, Foto-, Nordsee- und Helgolandexperten, wissbegierige, staunende und ahnungslose, aber vor allem angesichts der unglaublichen Menge an Tieren immer wieder fassungslose Menschen. Wer einmal hier gewesen ist, der weiß, warum wir unseren Planeten vor uns selber schützen müssen.

Lummensprung: Für viele Besucher DAS Ereignis auf Helgoland. Hauptsprungszeit Mitte Juni (2010: erster Sprung 5.6.; 2011: erster Sprung am 14.6. beobachtet).

Maulbeerbaum: Eigentlich ein typischer Baum des Mittelmeerraumes, wächst diese Schwarze Maulbeere schon seit 200 Jahren und hat sogar alle Bomben des Zweiten Weltkriegs überlebt. Er ist der älteste Baum auf Helgoland. Zu finden auf dem Oberland an der Otto-Bartning-Straße 449.

Museum: In der Nordseehalle im Ostteil Helgolands. Ausstellung zu Themen, die Helgoland betreffen. Die Öffnungszeiten sind etwas ungewöhnlich, daher bitte vor Ort die Aushänge beachten.

Nachtleben: Gibt es! Unterland: u. a. »Düne Süd«, »Aquarium Cafe« und diverse Kneipen, in denen noch geraucht werden kann. Im Oberland finden sich u. a. »Charlies Bierstube«, die »Mocca Stuben« mit Bar und sogar eine Discothek (»Disco Krebs«), die auch noch die älteste Deutschlands ist!

Notruf: Feuerwehr 112, Polizei 110

Optiker: Im Unterland, Fa. Kaufmann.

Pflanzen: Bisher wurden mehr als 550 Farn- und Blütenpflanzen nachgewiesen, wobei der Klippenkohl, die Wilde Rübe und der Meerfenchel in Deutschland nur hier vorkommen.

Polizei: Eigentlich Wasserschutzpolizei, aber um die Besucher nicht zu verwirren, wird sie auch Polizei genannt, Tel.: 110.

Post: Eine Postagentur gibt es im Edeka-Supermarkt im Unterland (Achtung: andere Öffnungszeiten als der Supermarkt), eine Nebenstelle gibt es im Zollamt (siehe Zoll).

Pyramiden: Auf dem Oberland von Helgoland sind viele kleine weiße Pyramiden verteilt. Auf diesen stehen sehr interessante Informationen über die Geschichte Helgolands und deren Bewohner.

Quantenmechanik: Dem deutschen Physiker und Nobelpreisträger Werner Heisenberg gelang im Juni 1925 auf Helgoland (er wollte hier seinen Heuschnupfen auskurieren) der Durchbruch in der Forschung der Quantenmechanik.

Rathaus: Im Unterland am Lung Wai 28, hier finden Sie die Gemeindeverwaltung, das Touristikbüro und die Kurverwaltung. Im Foyer werden wechselnde Ausstellungen gezeigt.

Reederei Cassen Eils: Zuständig für den Fährbetrieb von und nach Helgoland per Fähre. Hotline 649533, Infos über evtl. Änderungen im Fahrplan der Fähren.

Restaurants: Es gibt von Fast-Food über gute Hausmannskost bis fast Sterneküche alles auf den beiden Inseln. An Wochenenden ist es ratsam, sich einen Tisch zu reservieren, da dann die meisten Besucher auf den Inseln sind. Auf der Düne gibt es zwei Möglichkeiten einzukehren: Flughafenrestaurant und »Dünenrestaurant«. Tipp: schauen sie unbedingt im Dünenrestaurant vorbei. Lage und Ambiente sind einer der Gründe, weswegen ich jährlich einige Tage und Nächte auf der Düne verbringe. Ein Extratipp von mir: »Gudrun's Bürger-Stübchen« (auf Helgoland im Unterland). Hier werden vor allem Crêpes in den verschiedensten Varianten angeboten; in einem heimeligen und gemütlichen Gastraum lässt es sich in sehr angenehmer und ruhiger Atmosphäre perfekt abschalten. Nehmen sie sich ein paar Minuten Auszeit von der Auszeit!

Rettungshubschrauber: Im Südhafengelände befindet sich ein SAR-Hubschrauberlandeplatz.

Robben: siehe Kegelrobben

Rollstuhlfahrer: Helgoland: Sowohl auf der Fähre als auch auf dem Halunderjet ist es kein Problem, auf einen Rollstuhl angewiesen zu sein. Selbst das Ausbooten per Börteboot stellt die Besatzung vor keine Probleme. Es wird gerne und tatkräftig geholfen. Achten Sie aber bitte auf die Anweisungen des Personals. Auf Helgoland selber gibt es kaum größere Hindernisse, die zu überwinden wären. Zum Oberland sind zwei Lifte vorhanden. Ferienwohnungen und Appartements sollten allerdings im EG gelegen sein. Düne: Auch hier können Rollstuhlfahrer und in ihrer Bewegung eingeschränkte Besucher einige Wege benutzen. Allerdings ist eine Gesamtbesichtigung der Düne, wegen des Sandes, nicht möglich. Strandbuggys für Menschen mit eingeschränkter Gehfähigkeit können seit 2011 geliehen werden. Mit diesen Buggys kann man die Strandwege verlassen und einigermassen problemlos bis an den Strand und an den Wassersaum fahren (dennoch mein Rat: die Begleitperson sollte kräftig genug sein, den Buggy auch über tieferen Sand zu drücken; am besten ist es, bei Ebbe am Ufer, nahe am Wasser, zu fahren). Die Nutzung ist kostenfrei. Reservieren Sie Ihren Buggy beim Dünenchef Michael Janssen unter der Tel.-Nr.: 0152-04570924.

Schafe: Die Grauen Gehörnten Heidschnucken dienen als lebende Rasenmäher.

Schensky, Franz: (geb. 1871, gest. 1957) berühmter Helgoland-Fotograf.

Seehunde: Die zweite, leider selten anzutreffende Robbenart.

Strom: Der Strom wurde bis 2009 mit zwei Generatoren, die mit Dieselmotoren betrieben wurden, erzeugt. Dann wurde ein knapp 53 km langes Seekabel nach Helgoland verlegt. Damit war die letzte deutsche Gemeinde an das europäische Stromverbundnetz angeschlossen.

Supermarkt: siehe Edeka

Südhafen: Bei schlechtem Wetter und im Winter legen hier die Fähren an.

Tauchen: Zum Schutz der Tierwelt nicht erlaubt.

Taxi: Elektromobil, Tel.: 313, mobil: 01711762260.

Toiletten: siehe WC

Touristikbüro: Im Rathaus, auch für die Vermietung von Zimmern und vor allem ausschließlich für die Vermietung der Bungalows zuständig. Manchmal etwas schwierig, Informationen über sehr spezielle Fragen zu erhalten, aber immer sehr freundlich. Mo–Fr 9–16 Uhr, Sa, So und Feiert. 12–14 Uhr. Siehe auch Kurverwaltung.

Trinkwasser: Wird durch eine Meerwasserentsalzungsanlage gewonnen. Sparsamer Umgang mit dem Trinkwasser sollte daher selbstverständlich sein.

TV-Sendungen: Mittlerweile drehen viele Fernsehteams kleinere und größere Filme über Helgoland auf Helgoland. Einige davon finden sich bei YouTube: einfach Suchwort »Helgoland« eingeben.

Übernachtung: Hotel, Appartement, Ferienwohnung: alle Varianten möglich; wer kostengünstig übernachten möchte, wählt die Variante Ferienwohnung. Eine voll eingerichtete Wohnung ermöglicht dem Gast, sich die Mahlzeiten selber zuzubereiten. Zudem fühlt man sich irgendwie zu Hause.

Veranstaltungen: Leider gibt es keine Zeitschrift, Zeitung und keinen Internetauftritt, der eine vollständige und aktuelle Liste aller Veranstaltungen bietet. Hier ist somit Selbstinitiative des Gastes gefragt. Folgende Infomöglichkeiten bestehen: über Aushänge bei der Dünenfähre, in der Tourismusbroschüre »Helgoland ist inseliger«, auf der Website www.helgoland.de, in der nur im Sommer erscheinenden Veranstaltungsbroschüre (bis 2011 hieß sie »Helgoland – meine Insel«) und in der monatlich erscheinenden Zeitschrift »der helgoländer«.

Verein Jordsand: Einziger Anbieter regelmäßiger Führungen zu Helgolands Tieren.

Vogelkundliche Führungen: Gibt es erstaunlicherweise nicht! Es werden zwar Führungen zum Lummenfelsen und zu den Robben angeboten, aber die restliche Vogelwelt wird praktisch ausgelassen. Dabei gibt es ja auf Helgoland und der Düne mehr als genug Vogelarten, zu denen eine Führung lohnenswert wäre. Aber was nicht ist, kann ja noch werden …

Vogelwarte: Führungen im Fanggarten (zu empfehlen, Zivis erklären auf unterhaltsame Art den Sinn und Zweck der Vogelwarte. Führungen: vom 15.3. bis zum 15.10.: Di bis Fr jeweils 16.30 Uhr, im Winter auf Anfrage.

Vorwahl Helgoland: 04725.

WC: Es gibt ausreichend öffentliche Toiletten, die teilweise aber gut versteckt sind. Düne: am Anleger, beim Flugplatzrestaurant, beim »Dünenrestaurant« (nur im Sommer), im Dünenrestaurant (nur im Sommer); Helgoland: bei der Dünenfähre (Landungsbrücke) und am Nordosthafen bei der Bücherei, beim Fahrstuhl im Oberland (sehr versteckt), schräg gegenüber der Vogelwarte (alle nur tagsüber geöffnet).

Wetter: Für viele sicherlich sehr überraschend, ist das Wetter im Vergleich zum Festland auf Helgoland meistens milder und wärmer. Auch Regenfronten ziehen schneller vorüber. »Schuld« daran ist der Golfstrom, der das wärmere Klima nach Helgoland bringt. Im Sommer kann es ordentlich heiß werden, im Winter dagegen sind Temperaturen im Minusbereich selten, ebenso Schnee. Subjektiv empfindet der eine oder andere es dennoch als recht kühl. Dies liegt an den nicht seltenen Winden, die auch schnelle Wetterveränderungen herbeiführen können. Daher immer winddichte Jacke und, wer sehr kälteempfindlich ist, auch eine Fleecejacke mitbringen.

Wettervorhersage: Es kommt nicht selten vor, dass ein Wetterbericht Sonnenschein und ein anderer Regen vorhersagt. Ich habe mir angewöhnt, mind. zwei Berichte anzuschauen und dann beide miteinander zu verquicken. Oft ist es frühmorgens windstiller und sonniger als später am Tag.

Wind: Eigentlich immer vorhanden, aber selten wirklich störend. Dennoch macht er kälter, als es eigentlich ist. Daher windabhaltende Kleidung unausweichlich. Besonders am Lummenfelsen sehr sinnvoll, wenn man sich längere Zeit dem Genuss des unfassbaren Gewimmels hingeben möchte.

Windpark: Neudeutsch »Offshore-Windkraftanlagen«; die Helgoländer Politiker streben eine Servicestation für den Nordsee-Windpark auf der Insel an, leider auch Windräder in der Nordsee vor Helgoland. Dies würde natürlich einen Einfluss auf die dort lebenden Tiere haben und einen wenig attraktiven Anblick bieten.

Winter: Von November bis Ende Januar wilde Stürme und eiskalter Wind. Lohnenswerte Zeit, um sich den Kegelrobben zu widmen und um eine Auszeit vom hektischen Leben auf dem Festland zu nehmen. Meine persönliche Lieblingsjahreszeit auf Helgoland. Allein das Silvesterfeuerwerk ist einen Besuch wert! Und nach einem eiskalten Robbenfototrip geht es natürlich zum Aufwärmen an den Wurst- und Glühweinstand zwischen den Restaurants »Helgolandia« und »Helgoländer Fährhaus«.

Zoll: Helgoland hat seine eigene Zollstelle (Südstrand 1, beim Binnenhafen). Wer bspw. ein Paket auf das Festland schicken möchte oder mehr Waren einkauft als zulässig, der muss dies beim Zollamt angeben. Pakete können dann auch direkt im Zollamt bezahlt werden. Öffnungszeiten: allgemein Mo–Sa 8–12 Uhr, für Postsendungen Mo–Sa 8.30–11 Uhr.

Zollfreier Einkauf: Die Besonderheit Helgolands: zoll- und steuerfreier Einkauf. Die aktuellen Freimengen entnehmen Sie bitte der Tourismusbroschüre »Helgoland ist inseliger«.

15 Literatur und Links

Nachfolgend meine persönliche Auswahl von Büchern und Links, die den Gästen Helgolands viele weitere interessante Informationen über die Geschichte, die Menschen, aber vor allem über die fantastische Tierwelt liefern.

Die Vogelwarte Helgoland (H. Gätke)

Der Klassiker unter der Helgolandliteratur. Er ist ein Muss für jeden, der sich ein wenig intensiver für die Vogelwelt Helgolands interessiert. U. a. werden alle bis 1891 nachgewiesenen Vogelarten erwähnt und kurz beschrieben. Aber auch Kulturhistorisches kommt in diesem Buch zur Sprache. Zudem liest es sich sehr flüssig, da es leicht verständlich geschrieben ist. – Nachdruck, ISBN 3-926-151-03-X

Geschichte der Vogelwarte Helgoland (G. Vauk)

Eine sehr persönliche (und daher extrem lesenswerte) Beschreibung über die Geschichte der Helgoländer Vogelwarte. Der Leser ahnt nach Lektüre des Buches, wie wichtig die Vogelwarte für Helgoland war und immer noch ist. Lebendige Geschichte in Buchform. – Otterndorfer Verlagsdruckerei, keine ISBN

Naturdenkmal Lummenfelsen Helgoland (G. Vauk)

Ein Bildband mit vielen Geschichten und Informationen zu Helgoland und seinen Brutvögeln. Allein wegen seiner mittlerweile historischen Aufnahmen von der Langen Anna und den vielen Daten zum Lummenfelsen gehört er in jedes Bücherregal. – ISBN 3-924239-05-3

Die Vogelwelt der Insel Helgoland (J. und V. Dierschke, K. und O. Hüppop, K.F. Jachmann)

Das aktuellste und vollständigste Buch über alle Vögel, die auf Helgoland je nachgewiesen wurden. Über 100 Jahre nach dem »Kultbuch« von H. Gätke über das gleiche Thema uneingeschränkt empfehlenswert! – ISBN 978-3-00-035437-3

Das WITTE KLIFF von Helgoland (A. W. Vahlendieck)

Eine Dokumentation über die Zerstörung des ehemaligen »weißen Felsens«, der Helgoland mit der Düne verband. Interessante Datensammlung über eine menschengemachte Naturkatastrophe. – ISBN 3-88007-190-X

Helgoland im Mittelalter (A. Panten)

Selbst Literatur zum Mittelalter existiert über Helgoland. Hier wird die These aufgestellt, dass Helgoland das seit Urzeiten gesuchte Atlantis sein soll! – Herausgeber: Ev. Kirchengemeinde Helgoland, 2002

Das alte Helgoland (M. Borchert)

Ein ganz persönlicher Lebensbericht über die Kindheit einer Helgoländerin zwischen 1918 und 1930. Wer sich ein wenig mit dieser Zeit beschäftigen möchte, hat mit diesem Büchlein das ideale Werk zur Hand. – Herausgegeben von Pastorin E. Wallmann, 2003

Sagen und Legenden von der Insel Helgoland (G. Hubrich-Messow)

Eine Zusammenstellung von Mythen, Sagen und Legenden, die auf Helgoland herumgeistern. Von Kobolden, Seeräubern und dem Teufel. Genau das richtige Bändlein für kalte, stürmische Winterabende. – ISBN 978-3-88042-511-8

Ganz Helgoland

Ein herrlicher Reisebericht über Helgoland zu einer Zeit, als die Überfahrt mit dem Schiff noch zehn Stunden dauern konnte. Reich bebildert und mit genauen Angaben, was auf der Insel so alles los war. Einfach nur toll! – ISBN 3-926151-14-5

»Echt« Helgoländer Hummer (O. Goemann)

Helgoland und der Hummer gehören zusammen, wie Pech und Schwefel. Eine Geschichte, die einmal mehr aufzeigt, wie stark der Mensch in seine Umwelt eingreift. In diesem Buch erfahren Sie alles über das Leben und den Untergang des Helgoländer Hummers. – ISBN 3-923-906-02-1

Landkarten

Es gibt erstaunlicherweise keine wirklich aktuelle und in allen Details einigermaßen richtige Karte über Helgoland. Dennoch möchte ich hier die Empfehlung eines Lesers nicht unerwähnt lassen: »Seekarte südliche Nordsee«, ISBN 978-3-926137-35-7. Auf ihr sind ein Ortsplan mit Straßenverzeichnis, die Düne und alle wichtigen Sehenswürdigkeiten abgebildet.

Der Kosmos Vogelführer: Alle Arten Europas, Nordafrikas und Vorderasiens (Svensson, Grant, Mullarney, Zetterström)

Die Bibel für Vogelbeobachter, es gibt keine wirkliche Alternative zu diesem Vogelbestimmungsbuch. – ISBN 978-3-440-12384-3

Nordsee Funde (R. Reinicke)

Ein Bestimmungsbuch der anderen Art und damit interessanter als die klassischen, dokumentarischen Bücher. Viele Jahre zog der Autor die Küste entlang und sammelte Schnecken- und Muschelgehäuse, fotografierte Tintenfischschulpe und Tang und zeigt dem Leser, wie wir Bernstein von gewöhnlichen Steinen unterscheiden können. Fazit: kaufen! – ISBN 978-3-910150-85-0

Der BLV Pflanzenführer für unterwegs: 1150 Blumen, Gräser, Bäume und Sträucher

Bei einem Pflanzenbestimmungsbuch ist es nicht so einfach wie bei dem Vogelführer, eine Empfehlung abzugeben. Denn wegen der Menge an Pflanzenarten ist natürlich keines vollständig. Dennoch möchte ich, vor allem wegen der Handlichkeit, dieses Buch hier vorschlagen. – ISBN 978-3-8354-0985-9

Links

Die offizielle Helgolandseite: www.helgoland.de

Wetterinformationen: www.wetter.info und www.windfinder.com

Veranstaltungstermine und mehr: www.insel-helgoland.de

Pflanzen Helgolands: www.nhg-nuernberg.de/main.php?section=Botan&lige=&page=exk_helgolandliste2010.php

Fürs Vergnügen: www.discothek-krebs.de

Das Alfred-Wegener Institut: www.awi.de

Für alle Vogelfans (Vogelbeobachtungen und die Vogelwarte): www.oag-helgoland.de und www.ifv.eu

Der Naturschutzbund, seit 1899 im Dienste des Naturschutzes: www.nabu.de

Gegründet von unseren großen Umweltschützern Horst Stern, Bernhard Grzimek und Hubert Weinzierl: www.bund.net

Für Naturfotografen: www.gdtfoto.de

16 Vogelliste

Liste der bislang auf Helgoland beobachteten Vögel, Stand 2012.

Deutscher Name	Wissenschaftlicher Name	Englischer Name	Niederländischer Name
Adlerbussard	*Buteo rufinus*	Long-legged Buzzard	Arendbuizerd
Alpenbraunelle	*Prunella collaris*	Alpine Accentor	Alpenheggenmus
Alpensegler	*Tachymarptis melba*	Alpine Swift	Alpengierzwaluw
Alpenstrandläufer	*Calidris alpina*	Dunlin	Bonte Strandloper
Amsel	*Turdus merula*	Common Blackbird	Merel
Atlantiksturmtaucher	*Puffinus puffinus*	Manx Shearwater	Noordse Pijlstormvogel
Austernfischer	*Haematopus ostralegus*	Eurasian Oystercatcher	Scholekster
Aztekenmöwe	*Larus atricilla*	Laughing Gull	Lachmeeuw
Bachstelze	*Motacilla alba*	White Wagtail	Witte Kwikstaart
Bairdstrandläufer	*Calidris bairdii*	Baird's Sandpiper	Bairds Strandloper
Balearensturmtaucher	*Puffinus mauretanicus*	Balearic Shearwater	Vale Pijlstormvogel
Balkansteinschmätzer	*Oenanthe melanoleuca*	Eastern Black-eared Wheatear	Oostelijke Blonde Tapuit
Bartlaubsänger	*Phylloscopus schwarzi*	Radde's Warbler	Raddes Boszanger
Bartmeise	*Panurus biarmicus*	Bearded Reedling	Baardman
Basstölpel	*Sula bassana*	Northern Gannet	Sperweruil
Baumfalke	*Falco subbuteo*	Eurasian Hobby	Boomvalk
Baumpieper	*Anthus trivialis*	Tree Pipit	Boompieper
Bekassine	*Gallinago gallinago*	Common Snipe	Watersnip
Bergente	*Aythya marila*	Greater Scaup	Topper
Bergfink	*Fringilla montifringilla*	Brambling	Keep
Berghänfling	*Carduelis flavirostris*	Twite	Frater
Berglaubsänger	*Phylloscopus bonelli*	Western Bonelli	Bergfluiter
Bergpieper	*Anthus spinoletta*	Water Pipit	Waterpieper
Beutelmeise	*Remiz pendulinus*	Eurasian Penduline Tit	Buidelmees
Bienenfresser	*Merops apiaster*	European Bee-eater	Bijeneter
Bindenkreuzschnabel	*Loxia bifasciata*	Two-barred Crossbill	Witbandkruisbek
Birkenzeisig	*Carduelis flammea*	Common Redpoll	Grote Barmsijs
Blässgans	*Anser albifrons*	Greater White-fronted Goose	Kolgans
Blässhuhn (Blässralle)	*Fulica atra*	Eurasian Coot	Meerkoet
Blassspötter	*Hippolais pallida*	Eastern Olivaceous Warbler	Vale Spotvogel
Blauflügelente	*Anas discors*	Blue-winged Teal	Blauwvleugeltaling

Blaukehlchen	*Luscinia svecica*	Bluethroat	Blauwborst
Blaumeise	*Cyanistes caeruleus*	Blue Tit	Pimpelmees
Blaumerle	*Monticola solitarius*	Blue Rock Thrush	Blauwe Rotslijster
Blauracke	*Coracias garrulus*	European Roller	Scharrelaar
Blauschwanz	*Tarsiger cyanurus*	Red-flanked Bluetail	Blauwstaart
Blauwangenspint	*Merops persicus*	Blue-cheeked Bee-eater	Groene Bijeneter
Bluthänfling	*Carduelis cannabina*	Common Linnet	Kneu
Brachpieper	*Anthus campestris*	Tawny Pipit	Duinpieper
Brandgans	*Tadorna tadorna*	Common Shelduck	Bergeend
Brandseeschwalbe	*Sterna sandvicensis*	Sandwich Tern	Grote Stern
Braunkehlchen	*Saxicola rubetra*	Whinchat	Paapje
Braunkopfammer	*Emberiza bruniceps*	Red-headed Bunting	Bruinkopgors
Braunwürger	*Lanius cristatus*	Brown Shrike	Bruine Klauwier
Brillenente	*Melanitta perspicillata*	Surf Scoter	Brilzee-eend
Brillengrasmücke	*Sylvia conspicillata*	Spectacled Warbler	Braamsluiper
Bruchwasserläufer	*Tringa glareola*	Wood Sandpiper	Bosruiter
Buchfink	*Fringilla coelebs*	Common Chaffinch	Vink
Buntspecht	*Dendrocopos major*	Great Spotted Wood-pecker	Grote Bonte Specht
Buschrohrsänger	*Acrocephalus dume-torum*	Blyth's Reed Warbler	Struikrietzanger
Buschspötter	*Hippolais caligata*	Booted Warbler	Kleine Spotvogel
Dohle	*Coloeus monedula*	Western Jackdaw	Holenduif
Doppelschnepfe	*Gallinago media*	Great Snipe	Poelsnip
Dorngrasmücke	*Sylvia communis*	Common Whitethroat	Brilgrasmus
Dreizehenmöwe	*Rissa tridactyla*	Black-legged Kittiwake	Drieteenmeeuw
Drosselrohrsänger	*Acrocephalus arundi-naceus*	Great Reed Warbler	Grote Karekiet
Drosseluferläufer	*Actitis macularius*	Spotted Sandpiper	Amerikaanse Oever-loper
Dunkellaubsänger	*Phylloscopus fuscatus*	Dusky Warbler	Bruine Boszanger
Dunkler Sturmtaucher	*Puffinus griseus*	Sooty Shearwater	Grauwe Pijlstormvogel
Dunkler Wasserläufer	*Tringa erythropus*	Spotted Redshank	Zwarte Ruiter
Eichelhäher	*Garrulus glandarius*	Eurasian Jay	Gaai
Eiderente	*Somateria mollissima*	Common Eider	Eider
Einfarbdrossel	*Turdus unicolor*	Tickell	Tickells lijster
Eisente	*Clangula hyemalis*	Long-tailed Duck	IJseend
Eismöwe	*Larus hyperboreus*	Glaucous Gull	Grote Burgemeester
Eissturmvogel	*Fulmarus glacialis*	Northern Fulmar	Noordse Stormvogel
Eistaucher	*Gavia immer*	Great Northern Loon	IJsduiker
Eisvogel	*Alcedo atthis*	Common Kingfisher	IJsvogel
Eleonorenfalke	*Falco eleonorae*	Eleonora's Falcon	Eleonora's Valk
Elster	*Pica pica*	Eurasian Magpie	Ekster
Erddrossel	*Zoothera aurea*	White's Thrush	Goudlijster
Erlenzeisig	*Carduelis spinus*	Eurasian Siskin	Sijs
Fahldrossel	*Turdus pallidus*	Pale Thrush	Bleke Lijster
Fahlsegler	*Apus pallidus*	Pallid Swift	Vale Gierzwaluw

Falkenraubmöwe	*Stercorarius longicaudus*	Long-tailed Jaeger	Kleinste Jager
Feldlerche	*Alauda arvensis*	Eurasian Skylark	Veldleeuwerik
Feldrohrsänger	*Acrocephalus agricola*	Paddyfield Warbler	Veldrietzanger
Feldschwirl	*Locustella naevia*	Common Grasshopper Warbler	Sprinkhaanzanger
Feldsperling	*Passer montanus*	Eurasian Tree Sparrow	Ringmus
Felsenschwalbe	*Ptyonoprogne rupestris*	Eurasian Crag Martin	Rotszwaluw
Fichtenammer	*Emberiza leucocephalos*	Pine Bunting	Witkopgors
Fichtenkreuzschnabel	*Loxia curvirostra*	Red Crossbill	Kruisbek
Fischadler	*Pandion haliaetus*	Osprey	Visarend
Fischmöwe	*Larus ichthyaetus*	Great Black-headed Gull	Reuzenzwartkopmeeuw
Fitis	*Phylloscopus trochilus*	Willow Warbler	Fitis
Flussregenpfeifer	*Charadrius dubius*	Little Ringed Plover	Kleine Plevier
Flussseeschwalbe	*Sterna hirundo*	Common Tern	Visdief
Flussuferläufer	*Actitis hypoleucos*	Common Sandpiper	Oeverloper
Gänsesäger	*Mergus merganser*	Common Merganser	Grote Zaagbek
Gartenbaumläufer	*Certhia brachydactyla*	Short-toed Treecreeper	Boomkruiper
Gartengrasmücke	*Sylvia borin*	Garden Warbler	Baardgrasmus
Gartenrotschwanz	*Phoenicurus phoenicurus*	Common Redstart	Gekraagde Roodstaart
Gebirgsstelze	*Motacilla cinerea*	Grey Wagtail	Grote Gele Kwikstaart
Gelbbrauen-Laubsänger	*Phylloscopus inornatus*	Yellow-browed Warbler	Bladkoning
Gelbkehlvireo	*Vireo flavifrons*	Yellow-throated Vireo	Geelborstvireo
Gelbkopf-Schafstelze	*Motacilla flavissima*	British Yellow Wagtail	Engelse Kwikstaart
Gelbschnabeltaucher	*Gavia adamsii*	White-billed Loon	Geelsnavelduiker
Gelbspötter	*Hippolais icterina*	Icterine Warbler	Spotvogel
Gerfalke	*Falco rusticolus*	Gyrfalcon	Giervalk
Gimpel	*Pyrrhula pyrrhula*	Eurasian Bullfinch	Goudvink
Girlitz	*Serinus serinus*	European Serin	Europese Kanarie
Goldammer	*Emberiza citrinella*	Yellowhammer	Geelgors
Goldhähnchen-Laubsänger	*Phylloscopus proregulus*	Pallas's Leaf-Warbler	Pallas' Boszanger
Goldregenpfeifer	*Pluvialis apricaria*	European Golden Plover	Goudplevier
Grasläufer	*Tryngites subruficollis*	Buff-breasted Sandpiper	Blonde Ruiter
Grauammer	*Emberiza calandra*	Corn Bunting	Grauwe Gors
Graubrust-Strandläufer	*Calidris melanotos*	Pectoral Sandpiper	Gestreepte Strandloper
Graugans	*Anser anser*	Greylag Goose	Grauwe Gans
Grauortolan	*Emberiza caesia*	Cretzschmar's Bunting	Bruinkeelortolaan
Graureiher	*Ardea cinerea*	Grey Heron	Blauwe Reiger
Grauschnäpper	*Muscicapa striata*	Spotted Flycatcher	Grauwe Vliegenvanger
Grauwangendrossel	*Catharus minimus*	Grey-cheeked Thrush	Grijswangdwerglijster
Großer Brachvogel	*Numenius arquata*	Eurasian Curlew	Wulp
Großer Sturmtaucher	*Puffinus gravis*	Great Shearwater	Grote Pijlstormvogel
Großtrappe	*Otis tarda*	Great Bustard	Grote Trap
Grünfink	*Carduelis chloris*	European Greenfinch	Groenling

Grünlaubsänger	*Phylloscopus trochiloides*	Greenish Warbler	Grauwe Fitis
Grünschenkel	*Tringa nebularia*	Common Greenshank	Groenpootruiter
Grünspecht	*Picus viridis*	European Green Woodpecker	Groene Specht
Grünwaldsänger	*Dendroica virens*	Black-throated Green Warbler	Gele Zwartkeelzanger
Gryllteiste	*Cepphus grylle*	Black Guillemot	Zwarte Zeekoet
Habicht	*Accipiter gentilis*	Northern Goshawk	Havik
Hakengimpel	*Pinicola enucleator*	Pine Grosbeak	Haakbek
Halsbandschnäpper	*Ficedula albicollis*	Collared Flycatcher	Withalsvliegenvanger
Haubenlerche	*Galerida cristata*	Crested Lark	Kuifleeuwerik
Haubenmeise	*Lophophanes cristatus*	European Crested Tit	Kuifmees
Haubentaucher	*Podiceps cristatus*	Great Crested Grebe	Fuut
Hausrotschwanz	*Phoenicurus ochruros*	Black Redstart	Zwarte Roodstaart
Haussperling	*Passer domesticus*	House Sparrow	Huismus
Heckenbraunelle	*Prunella modularis*	Dunnock	Heggenmus
Heckensänger	*Cercotrichas galactotes*	Rufous-tailed Scrub Robin	Rosse Waaierstaart
Heidelerche	*Lullula arborea*	Woodlark	Boomleeuwerik
Heringsmöwe	*Larus fuscus*	Lesser Black-backed Gull	Kleine Mantelmeeuw
Höckerschwan	*Cygnus olor*	Mute Swan	Knobbelzwaan
Hohltaube	*Columba oenas*	Stock Dove	Holenduif
Isabellsteinschmätzer	*Oenanthe isabellina*	Isabelline Wheatear	Izabeltapuit
Isabellwürger	*Lanius isabellinus*	Isabelline Shrike	Daurische Klauwier
Jungfernkranich	*Anthropoides virgo*	Demoiselle Crane	Jufferkraan
Kalanderlerche	*Melanocorypha calandra*	Calandra Lark	Kalanderleeuwerik
Kampfläufer	*Philomachus pugnax*	Ruff	Kemphaan
Kanadagans	*Branta canadensis*	Canada Goose	Grote Canadese Gans
Kappenammer	*Emberiza melanocephala*	Black-headed Bunting	Zwartkopgors
Karmingimpel	*Carpodacus erythrinus*	Common Rosefinch	Roodmus
Katzenvogel	*Dumetella carolinensis*	Grey Catbird	Grijze katvogel
Kernbeißer	*Coccothraustes coccothraustes*	Hawfinch	Appelvink
Kiebitz	*Vanellus vanellus*	Northern Lapwing	Kievit
Kiebitzregenpfeifer	*Pluvialis squatarola*	Grey Plover	Zilverplevier
Kiefernkreuzschnabel	*Loxia pytyopsittacus*	Parrot Crossbill	Grote Kruisbek
Klappergrasmücke	*Sylvia curruca*	Lesser Whitethroat	Westelijke Orpheusgrasmus
Kleiber	*Sitta europaea*	Eurasian Nuthatch	Boomklever
Kleines Sumpfhuhn	*Porzana parva*	Little Crake	Klein Waterhoen
Kleinspecht	*Dryobates minor*	Lesser Spotted Woodpecker	Kleine Bonte Specht
Knäkente	*Anas querquedula*	Garganey	Zomertaling
Knutt	*Calidris canutus*	Red Knot	Kanoet
Kohlmeise	*Parus major*	Great Tit	Koolmees

Kolkrabe	*Corvus corax*	Northern Raven	Raaf
Korallenmöwe	*Larus audouinii*	Audouin's Gull	Audouins Meeuw
Kormoran	*Phalacrocorax carbo*	Great Cormorant	Aalscholver
Kornweihe	*Circus cyaneus*	Northern Harrier	Blauwe Kiekendief
Krabbentaucher	*Alle alle*	Little Auk	Kleine Alk
Krähenscharbe	*Phalacrocorax aristotelis*	European Shag	Kuifaalscholver
Kranich	*Grus grus*	Common Crane	Kraanvogel
Krickente	*Anas crecca*	Eurasian Teal	Wintertaling
Kronenlaubsänger	*Phylloscopus coronatus*	Eastern Crowned Warbler	Kroonboszanger
Kuckuck	*Cuculus canorus*	Common Cuckoo	Koekoek
Kurzschnabelgans	*Anser brachyrhynchus*	Pink-footed Goose	Kleine Rietgans
Kurzzehenlerche	*Calandrella brachydactyla*	Greater Short-toed Lark	Kortteenleeuwerik
Küstenseeschwalbe	*Sterna paradisaea*	Arctic Tern	Noordse Stern
Lachmöwe	*Larus ridibundus*	Common Black-headed Gull	Kokmeeuw
Lachseeschwalbe	*Gelochelidon nilotica*	Gull-billed Tern	Lachstern
Löffelente	*Anas clypeata*	Northern Shoveler	Slobeend
Löffler	*Platalea leucorodia*	Eurasian Spoonbill	Lepelaar
Mandarinente	*Aix galericulata*	Mandarin Duck	Mandarijneend
Mantelmöwe	*Larus marinus*	Great Black-backed Gull	Grote Mantelmeeuw
Maskenammer	*Emberiza spodocephala*	Black-faced Bunting	Maskergors
Maskenschafstelze	*Motacilla feldegg*	Black-headed Yellow Wagtail	Balkankwikstaart
Mauerläufer	*Tichodroma muraria*	Wallcreeper	Rotskruiper
Mauersegler	*Apus apus*	Common Swift	Gierzwaluw
Maurensteinschmätzer	*Oenanthe hispanica*	Western Black-eared Wheatear	Westelijke Blonde Tapuit
Mäusebussard	*Buteo buteo*	Common Buzzard	Buizerd
Meerstrandläufer	*Calidris maritima*	Purple Sandpiper	Paarse Strandloper
Mehlschwalbe	*Delichon urbicum*	Common House Martin	Huiszwaluw
Merlin	*Falco columbarius*	Merlin	Smelleken
Misteldrossel	*Turdus viscivorus*	Mistle Thrush	Grote Lijster
Mittelmeermöwe	*Larus michahellis*	Yellow-legged Gull	Geelpootmeeuw
Mittelsäger	*Mergus serrator*	Red-breasted Merganser	Middelste Zaagbek
Mohrenlerche	*Melanocorypha yeltoniensis*	Black Lark	Zwarte leeuwerik
Mönchsgrasmücke	*Sylvia atricapilla*	Eurasian Blackcap	Tuinfluiter
Mornellregenpfeifer	*Charadrius morinellus*	Eurasian Dotterel	Morinelplevier
Nachtigall	*Luscinia megarhynchos*	Common Nightingale	Nachtegaal
Nachtreiher	*Nycticorax nycticorax*	Black-crowned Night-Heron	Kwak
Nebelkrähe	*Corvus cornix*	Hooded Crow	Bonte Kraai
Neuntöter	*Lanius collurio*	Red-backed Shrike	Grauwe Klauwier
Nilgans	*Alopochen aegyptiacus*	Egyptian Goose	Nijlgans
Nonnensteinschmätzer	*Oenanthe pleschanka*	Pied Wheatear	Bonte Tapuit

Odinshühnchen	*Phalaropus lobatus*	Red-necked Phalarope	Grauwe Franjepoot
Ohrenlerche	*Eremophila alpestris*	Horned Lark	Strandleeuwerik
Ohrentaucher	*Podiceps auritus*	Horned Grebe	Kuifduiker
Orpheusgrasmücke	*Sylvia hortensis*	Western Orphean Warbler	Kleine Zwartkop
Orpheusspötter	*Hippolais polyglotta*	Melodious Warbler	Orpheusspotvogel
Ortolan	*Emberiza hortulana*	Ortolan Bunting	Ortolaan
Pallasschwarzkehlchen	*Saxicola maurus*	Siberiean Stonechat	Aziatische Roodborst-tapuit
Papageitaucher	*Fratercula arctica*	Atlantic Puffin	Papegaaiduiker
Pazifikpieper	*Anthus rubescens*	Buff-bellied Pipit	Pacifische waterpieper
Petschorapieper	*Anthus gustavi*	Pechora Pipit	Petsjorapieper
Pfeifente	*Anas penelope*	Eurasian Wigeon	Smient
Pfuhlschnepfe	*Limosa lapponica*	Bar-tailed Godwit	Rosse Grutto
Pharaonenziegenmelker	*Caprimulgus aegyptius*	Egyptian Nightjar	Egyptische Nacht-zwaluw
Pirol	*Oriolus oriolus*	Eurasian Golden Oriole	Wielewaal
Polarbirkenzeisig	*Carduelis hornemanni*	Arctic Redpoll	Witstuitbarmsijs
Polarmöwe	*Larus glaucoides*	Iceland Gull	Kleine Burgemeester
Prachteiderente	*Somateria spectabilis*	King Eider	Koningseider
Prachttaucher	*Gavia arctica*	Black-throated Loon	Parelduiker
Prärie-Goldregenpfeifer	*Pluvialis dominica*	American Golden Plover	Amerikaanse Goud-plevier
Provencegrasmücke	*Sylvia undata*	Dartford Warbler	Provençaalse Grasmus
Purpurreiher	*Ardea purpurea*	Purple Heron	Purperreiger
Rabenkrähe	*Corvus corone*	Carrion Crow	Zwarte Kraai
Raubseeschwalbe	*Hydroprogne caspia*	Caspian Tern	Reuzenstern
Raubwürger	*Lanius excubitor*	Great Grey Shrike	Klapekster
Rauchschwalbe	*Hirundo rustica*	Barn Swallow	Boerenzwaluw
Raufußbussard	*Buteo lagopus*	Roughleg	Ruigpootbuizerd
Raufußkauz	*Aegolius funereus*	Boreal Owl	Ruigpootuil
Rebhuhn	*Perdix perdix*	Grey Partridge	Patrijs
Regenbrachvogel	*Numenius phaeopus*	Whimbrel	Regenwulp
Reiherente	*Aythya fuligula*	Tufted Duck	Kuifeend
Ringdrossel	*Turdus torquatus*	Ring Ouzel	Beflijster
Ringelgans	*Branta bernicla*	Brant Goose	Rotgans
Ringeltaube	*Columba palumbus*	Common Wood Pigeon	Houtduif
Rohrammer	*Emberiza schoeniclus*	Common Reed Bunting	Rietgors
Rohrdommel	*Botaurus stellaris*	Eurasian Bittern	Roerdomp
Rohrschwirl	*Locustella luscinioides*	Savi's Warbler	Snor
Rohrweihe	*Circus aeruginosus*	Western Marsh-Harrier	Bruine Kiekendief
Rosapelikan	*Pelecanus onocrotalus*	Great White Pelican	Roze Pelikaan
Rosenmöwe	*Hydrocoloeus roseus/ Rhodostethia rosea*	Ross's Gull	Ross' Meeuw
Rosenstar	*Pastor roseus*	Rosy Starling	Roze Spreeuw
Rostflügeldrossel	*Turdus eunomus*	Dusky Thrush	Bruine Lijster
Rostgans	*Tadorna ferruginea*	Ruddy Shelduck	Casarca
Rotaugenvireo	*Vireo olivaceus*	Red-eyed Vireo	Roodoogvireo

Rotdrossel	*Turdus iliacus*	Redwing	Koperwiek
Rötelfalke	*Falco naumanni*	Lesser Kestrel	Kleine Torenvalk
Rötelschwalbe	*Hirundo daurica*	Red-rumped Swallow	Roodstuitzwaluw
Rotflügel-Brachschwalbe	*Glareola pratincola*	Collared Pratincole	Vorkstaartplevier
Rotfußfalke	*Falco vespertinus*	Red-footed Falcon	Roodpootvalk
Rothalsgans	*Branta ruficollis*	Red-breasted Goose	Roodhalsgans
Rothalstaucher	*Podiceps grisegena*	Red-necked Grebe	Roodhalsfuut
Rotkehlchen	*Erithacus rubecula*	European Robin	Roodborst
Rotkehldrossel	*Turdus ruficollis*	Red-throated Thrush	Roodkeellijster
Rotkehlpieper	*Anthus cervinus*	Red-throated Pipit	Roodkeelpieper
Rotkopfwürger	*Lanius senator*	Woodchat Shrike	Roodkopklauwier
Rotmilan	*Milvus milvus*	Red Kite	Rode Wouw
Rotschenkel	*Tringa totanus*	Common Redshank	Tureluur
Rubinkehlchen	*Luscinia calliope*	Siberian Rubythroat	Roodkeelnachtegaal
Saatgans	*Anser fabalis*	Bean Goose	Taigarietgans
Saatkrähe	*Corvus frugilegus*	Rook	Roek
Säbelschnäbler	*Recurvirostra avosetta*	Pied Avocet	Kluut
Samtente	*Melanitta fusca*	Velvet Scoter	Grote Zee-eend
Samtkopf-Grasmücke	*Sylvia melanocephala*	Sardinian Warbler	Woestijngrasmus
Sanderling	*Calidris alba*	Sanderling	Drieteenstrandloper
Sandregenpfeifer	*Charadrius hiaticula*	Common Ringed Plover	Bontbekplevier
Scheckente	*Polysticta stelleri*	Steller's Eider	Stellers Eider
Schellente	*Bucephala clangula*	Common Goldeneye	Brilduiker
Schieferdrossel	*Zoothera sibirica*	Siberian Thrush	Siberische Lijster
Schilfrohrsänger	*Acrocephalus schoenobaenus*	Sedge Warbler	Rietzanger
Schlagschwirl	*Locustella fluviatilis*	River Warbler	Krekelzanger
Schlangenadler	*Circaetus gallicus*	Short-toed Snake Eagle	Slangenarend
Schleiereule	*Tyto alba*	Barn Owl	Kerkuil
Schmarotzerraubmöwe	*Stercorarius parasiticus*	Parasitic Jaeger	Kleine Jager
Schnatterente	*Anas strepera*	Gadwall	Krakeend
Schneeammer	*Calcarius nivalis/Plectrophenax nivalis*	Snow Bunting	Sneeuwgors
Schnee-Eule	*Nyctea scandiaca*	Snowy Owl	Sneeuwuil
Schneegans	*Anser caerulescens*	Snow Goose	Sneeuwgans
Schneesperling	*Montifringilla nivalis*	White-winged Snowfinch	sneeuwvink
Schreiadler	*Aquila pomarina*	Lesser Spotted Eagle	Schreeuwarend
Schwalbenmöwe	*Xema sabini*	Sabine	Vorkstaartmeeuw
Schwanzmeise	*Aegithalos caudatus*	Long-tailed Bushtit	Staartmees
Schwarzflügel-Brachschwalbe	*Glareola nordmanni*	Black-winged Pratincole	Steppevorkstaartplevier
Schwarzhalstaucher	*Podiceps nigricollis*	Black-necked Grebe	Geoorde Fuut
Schwarzkehlchen	*Saxicola rubicola*	Common Stonechat	Roodborsttapuit
Schwarzkehldrossel	*Turdus atrogularis*	Black-throated Thrush	Zwartkeellijster
Schwarzkopfmöwe	*Larus melanocephalus*	Mediterranean Gull	Zwartkopmeeuw
Schwarzkopf-Ruderente	*Oxyura jamaicensis*	Ruddy Duck	Rosse Stekelstaart

Schwarzmilan	*Milvus migrans*	Black Kite	Zwarte Wouw
Schwarzspecht	*Dryocopus martius*	Black Woodpecker	Zwarte Specht
Schwarzstirnwürger	*Lanius minor*	Lesser Grey Shrike	Kleine Klapekster
Schwarzstorch	*Ciconia nigra*	Black Stork	Zwarte Ooievaar
Seeadler	*Haliaeetus albicilla*	White-tailed Eagle	Zeearend
Seeregenpfeifer	*Charadrius alexandrinus*	Kentish Plover	Strandplevier
Seggenrohrsänger	*Acrocephalus paludicola*	Aquatic Warbler	Waterrietzanger
Seidenreiher	*Egretta garzetta*	Little Egret	Kleine Zilverreiger
Seidenschwanz	*Bombycilla garrulus*	Bohemian Waxwing	Pestvogel
Sepiasturmtaucher	*Puffinus diomedea*	Cory Shearwater	Kuhls Pijlstormvogel
Sichelstrandläufer	*Calidris ferruginea*	Curlew Sandpiper	Krombekstrandloper
Sichler	*Plegadis falcinellus*	Glossy Ibis	Zwarte Ibis
Silbermöwe	*Larus argentatus*	Herring Gull	Zilvermeeuw
Silberreiher	*Casmerodius albus*	Great Egret	Grote Zilverreiger
Singdrossel	*Turdus philomelos*	Song Thrush	Zanglijster
Singschwan	*Cygnus cygnus*	Whooper Swan	Wilde Zwaan
Skua	*Stercorarius skua*	Great Skua	Grote Jager
Sommergoldhähnchen	*Regulus ignicapillus*	Firecrest	Vuurgoudhaan
Spatelente	*Bucephala islandica*	Barrow's Goldeneye	IJslandse brilduiker
Spatelraubmöwe	*Stercorarius pomarinus*	Pomarine Skua	Middelste Jager
Sperber	*Accipiter nisus*	Eurasian Sparrowhawk	Sperwer
Sperbereule	*Surnia ulula*	Northern Hawk Owl	Zwartkop
Sperbergrasmücke	*Sylvia nisoria*	Barred Warbler	Sperwergrasmus
Spießente	*Anas acuta*	Northern Pintail	Pijlstaart
Spornammer	*Calcarius lapponicus*	Lapland Longspur	IJsgors
Spornpieper	*Anthus richardi*	Richard's Pipit	Grote Pieper
Sprosser	*Luscinia luscinia*	Thrush Nightingale	Noordse Nachtegaal
Star	*Sturnus vulgaris*	Common Starling	Spreeuw
Steinadler	*Aquila chrysaetos*	Golden Eagle	Steenarend
Steinkauz	*Athene noctua*	Little Owl	Steenuil
Steinortolan	*Emberiza buchanani*	Grey-necked Bunting	Steenortolaan
Steinrötel	*Monticola saxatilis*	Rufous-tailed Rock Thrush	Rode Rotslijster
Steinschmätzer	*Oenanthe oenanthe*	Northern Wheatear	Tapuit
Steinwälzer	*Arenaria interpres*	Ruddy Turnstone	Steenloper
Stelzenläufer	*Himantopus himantopus*	Black-winged Stilt	Steltkluut
Steppenflughuhn	*Syrrhaptes paradoxus*	Pallas' Sandgrouse	Steppehoen
Steppenmöwe	*Larus cachinnans*	Steppe Gull	Pontische Meeuw
Steppenpieper	*Anthus godlewskii*	Blyth's Pipit	Mongoolse Pieper
Steppenspötter	*Hippolais rama*	Sykes's Warbler	Sykes' Spotvogel
Steppenweihe	*Circus macrourus*	Pallid Harrier	Steppekiekendief
Sterntaucher	*Gavia stellata*	Red-throated Loon	Roodkeelduiker
Stieglitz	*Carduelis carduelis*	European Goldfinch	Putter
Stockente	*Anas platyrhynchos*	Mallard	Wilde Eend
Strandpieper	*Anthus petrosus*	Eurasian Rock Pipit	Oeverpieper

Straßentaube	*Columba livia f. domestica*	Feral Common Pigeon	Pauwstaartduif
Streifengans	*Anser indicus*	Bar-headed Goose	Indische gans
Streifenschwirl	*Locustella certhiola*	Pallas' Grasshopper Warbler	Siberische Sprinkhaanzanger
Strichelschwirl	*Locustella lanceolata*	Lanceolated Warbler	Kleine Sprinkhaanzanger
Stummellerche	*Calandrella rufescens*	Lesser Short-toed Lark	Kleine kortteenleeuwerik
Sturmmöwe	*Larus canus*	Mew Gull	Stormmeeuw
Sturmschwalbe	*Hydrobates pelagicus*	European Storm Petrel	Stormvogeltje
Sumpfläufer	*Limicola falcinellus*	Broad-billed Sandpiper	Breedbekstrandloper
Sumpfmeise	*Poecile palustris*	Marsh Tit	Glanskop
Sumpfohreule	*Asio flammeus*	Short-eared Owl	Velduil
Sumpfrohrsänger	*Acrocephalus palustris*	Marsh Warbler	Bosrietzanger
Tafelente	*Aythya ferina*	Common Pochard	Tafeleend
Tannenhäher	*Nucifraga caryocatactes*	Spotted Nutcracker	Notenkraker
Tannenmeise	*Periparus ater*	Coal Tit	Zwarte Mees
Teichhuhn	*Gallinula chloropus*	Common Moorhen	Waterhoen
Teichrohrsänger	*Acrocephalus scirpaceus*	European Reed Warbler	Kleine Karekiet
Teichwasserläufer	*Tringa stagnatilis*	Marsh Sandpiper	Poelruiter
Temminckstrandläufer	*Calidris temminckii*	Temminck's Stint	Temmincks Strandloper
Terekwasserläufer	*Xenus cinereus*	Terek Sandpiper	Terekruiter
Thorshühnchen	*Phalaropus fulicarius*	Red Phalarope	Rosse Franjepoot
Thunberg-Schafstelze	*Motacilla thunbergi*	Grey-headed Yellow Wagtail	Noordse Kwikstaart
Tienshanlaubsänger	*Phylloscopus humei*	Hume's Leaf Warbler	Humes Bladkoning
Tordalk	*Alca torda*	Razorbill	Alk
Trauerbachstelze	*Motacilla yarrellii*	Pied Wagtail	Rouwkwikstaart
Trauerente	*Melanitta nigra*	Black Scoter	Zwarte Zee-eend
Trauerschnäpper	*Ficedula hypoleuca*	European Pied Flycatcher	Bonte Vliegenvanger
Trauerseeschwalbe	*Chlidonias niger*	Black Tern	Zwarte Stern
Triel	*Burhinus oedicnemus*	Eurasian Stone-curlew	Griel
Trottellumme	*Uria aalge*	Common Murre	Zeekoet
Tundra-Goldregenpfeifer	*Pluvialis fulva*	Pacific Golden Plover	Aziatische Goudplevier
Tundramöwe	*Larus heuglini*	Heuglin's Gull	Heuglins Meeuw
Tüpfelsumpfhuhn	*Porzana porzana*	Spotted Crake	Porseleinhoen
Türkenammer	*Emberiza cineracea*	Cinereous Bunting	Smyrna gors
Türkentaube	*Streptopelia decaocto*	Eurasian Collared Dove	Turkse Tortel
Turmfalke	*Falco tinnunculus*	Common Kestrel	Torenvalk
Turteltaube	*Streptopelia turtur*	European Turtle Dove	Zomertortel
Uferschnepfe	*Limosa limosa*	Black-tailed Godwit	Grutto
Uferschwalbe	*Riparia riparia*	Sand Martin	Oeverzwaluw
Wacholderdrossel	*Turdus pilaris*	Fieldfare	Kramsvogel
Wacholderlaubsänger	*Phylloscopus nitidus*	Green Warbler	Groene Fitis
Wachtel	*Coturnix coturnix*	Common Quail	Kwartel

Wachtelkönig	*Crex crex*	Corn Crake	Kwartelkoning
Waldammer	*Emberiza rustica*	Rustic Bunting	Bosgors
Waldbaumläufer	*Certhia familiaris*	Eurasian Treecreeper	Taigaboomkruiper
Waldkauz	*Strix aluco*	Tawny Owl	Bosuil
Waldlaubsänger	*Phylloscopus sibilatrix*	Wood Warbler	Fluiter
Waldohreule	*Asio otus*	Long-eared Owl	Ransuil
Waldpieper	*Anthus hodgsoni*	Olive-backed Pipit	Siberische Boompieper
Waldschnepfe	*Scolopax rusticola*	Eurasian Woodcock	Houtsnip
Waldwasserläufer	*Tringa ochropus*	Green Sandpiper	Witgat
Wanderdrossel	*Turdus migratorius*	American Robin	Roodborstlijster
Wanderfalke	*Falco peregrinus*	Peregrine Falcon	Slechtvalk
Wanderlaubsänger	*Phylloscopus borealis*	Arctic Warbler	Noordse Boszanger
Wasseramsel	*Cinclus cinclus*	White-throated Dipper	Waterspreeuw
Wasserralle	*Rallus aquaticus*	Water Rail	Waterral
Weidenammer	*Emberiza aureola*	Yellow-breasted Bunting	Wilgengors
Weidenmeise	*Poecile montana*	Willow Tit	Matkop
Weißbart-Grasmücke	*Sylvia cantillans*	Subalpine Warbler	Grasmus
Weißbart-Seeschwalbe	*Chlidonias hybrida*	Whiskered Tern	Witwangstern
Weißbrauendrossel	*Turdus obscurus*	Eyebrowed Thrush	Vale Lijster
Weißflügellerche	*Melanocorypha leucoptera*	White-winged Lark	Witvleugelleeuwerik
Weißflügel-Seeschwalbe	*Chlidonias leucopterus*	White-winged Tern	Witvleugelstern
Weißrückenspecht	*Dendrocopos leucotos*	White-backed Woodpecker	Witrugspecht
Weißstorch	*Ciconia ciconia*	White Stork	Ooievaar
Weißwangengans	*Branta leucopsis*	Barnacle Goose	Brandgans
Wellenläufer	*Oceanodroma leucorhoa*	Leach's Storm-Petrel	Vaal Stormvogeltje
Wendehals	*Jynx torquilla*	Eurasian Wryneck	Draaihals
Wermutregenpfeifer	*Charadrius asiaticus*	Caspian Plover	Kaspische Plevier
Wespenbussard	*Pernis apivorus*	European Honey-Buzzard	Wespendief
Wiedehopf	*Upupa epops*	Eurasian Hoopoe	Hop
Wiesenpieper	*Anthus pratensis*	Meadow Pipit	Graspieper
Wiesenschafstelze	*Motacilla flava*	Blue-headed Yellow Wagtail	Gele Kwikstaart
Wiesenweihe	*Circus pygargus*	Montagu's Harrier	Grauwe Kiekendief
Wintergoldhähnchen	*Regulus regulus*	Goldcrest	Goudhaan
Würgfalke	*Falco cherrug*	Saker Falcon	Sakervalk
Wüstengrasmücke	*Sylvia nana*	Asian Desert Warbler	Sperwergrasmus
Wüstensteinschmätzer	*Oenanthe deserti*	Desert Wheatear	Woestijntapuit
Zaunammer	*Emberiza cirlus*	Cirl Bunting	Cirlgors
Zaunkönig	*Troglodytes troglodytes*	Winter Wren	Winterkoning
Ziegenmelker	*Caprimulgus europaeus*	European Nightjar	Nachtzwaluw
Zilpzalp	*Phylloscopus collybita*	Common Chiffchaff	Tjiftjaf
Zippammer	*Emberiza cia*	Rock Bunting	Grijze Gors
Zitronenstelze	*Motacilla citreola*	Citrine Wagtail	Citroenkwikstaart

Zügelseeschwalbe	*Onychoprion anaethetus*	Bridled Tern	Brilstern
Zwergadler	*Aquila pennata*	Booted Eagle	Dwergarend
Zwergammer	*Emberiza pusilla*	Little Bunting	Dwerggors
Zwergdommel	*Ixobrychus minutus*	Little Bittern	Woudaap
Zwergdrossel	*Catharus ustulatus*	Swainson's Thrush	Dwerglijster
Zwerggans	*Anser erythropus*	Lesser White-fronted Goose	Dwerggans
Zwergmöwe	*Hydrocoloeus minutus*	Little Gull	Dwergmeeuw
Zwergohreule	*Otus scops*	Eurasian Scops-Owl	Dwergooruil
Zwergsäger	*Mergellus albellus*	Smew	Nonnetje
Zwergschnäpper	*Ficedula parva*	Red-breasted Flycatcher	Kleine Vliegenvanger
Zwergschnepfe	*Lymnocryptes minimus*	Jack Snipe	Bokje
Zwergschwan	*Cygnus bewickii*	Bewick's Swan	Kleine Zwaan
Zwergseeschwalbe	*Sterna albifrons*	Little Tern	Dwergstern
Zwergstrandläufer	*Calidris minuta*	Little Stint	Kleine Strandloper
Zwergsumpfhuhn	*Porzana pusilla*	Baillon's Crake	Kleinst Waterhoen
Zwergtaucher	*Tachybaptus ruficollis*	Little Grebe	Dodaars
Zwergtrappe	*Tetrax tetrax*	Little Bustard	Kleine Trap
Zypernsteinschmätzer	*Oenanthe cypriaca*	Cyprus Pied Wheatear	Cyprische Tapuit

17 Pflanzenliste

Aktuell auf Helgoland vorkommende Pflanzen, Stand 2012.

Deutscher Name	Wissenschaftlicher Name
Abessinisches Ramtillkraut	*Guizotia abysinica*
Acker-Ehrenpreis	*Veronica agrestis*
Acker-Filzkraut	*Filago arvensis*
Acker-Flügelknöterich	*Fallopia convolvulus*
Acker-Gänsedistel	*Sonchus arvensis ssp. arvensis*
Acker-Gauchheil	*Anagallis arvensis*
Acker-Glockenblume	*Campanula rapunculoides*
Acker-Hederich	*Raphanus raphanistrum*
Acker-Hellerkraut	*Thlaspi arvense*
Acker-Hundskamille	*Anthemis arvensis*
Acker-Kratzdistel	*Cirsium arvense*
Acker-Lichtnelke	*Silene noctiflora*
Ackerröte	*Sherardia arvensis*
Acker-Schachtelhalm	*Equisetum arvense*
Acker-Schöterich	*Erysimum cheiranthoides*
Acker-Senf	*Sinapis arvensis*
Acker-Spark	*Spergula arvensis*
Acker-Vergißmeinnicht	*Myosotis arvensis*
Acker-Winde	*Convolvulus arvensis*
Acker-Ziest	*Stachys arvensis*
Alpen-Johannisbeere	*Ribes alpinum*
Andel	*Puccinellia maritima*
Apennin-Windröschen	*Anemone apennina*
Armenische Brombeere	*Rubus armeniacus*
Armenische Traubenhyazinthe	*Muscari armeniacum*
Ästiger Igelkolben	*Sparganium erectum*
Aufrechte Trespe	*Bromus erectus*
Ausdauerndes Weidelgras	*Lolium perenne*
Baltischer Bastard-Strandhafer	× *Calammophila baltica*
Bär-Lauch	*Allium ursinum*
Bastard-Flügelknöterich	*Fallopia* × *bohemica*
Bastard-Luzerne	*Medicago* × *varia*
Baumartige Wolfsmilch	*Euphorbia cf. dendroides*
Baum-Malve	*Lavatera arborea*
Behaarte Segge	*Carex hirta*
Behaartes Schaumkraut	*Cardamine hirsuta*
Beifuß-Ambrosie	*Ambrosia artemisiifolia*
Berg-Ahorn	*Acer pseudoplatanus*
Berg-Flockenblume	*Centaurea montana*
Berg-Margarite	*Leucanthemum maximum*
Berg-Sandglöckchen	*Jasione montana*
Berg-Ulme	*Ulmus glabra*
Besenginster	*Cytisus scoparius*
Bibernellblättrige-Rose	*Rosa spinosissima*
Binsen-Quecke	*Elytrigia junceiformis*
Bittere Schleifenblume	*Iberis amara*
Bittersüßer Nachtschatten	*Solanum dulcamara*
Blaugrüne Binse	*Juncus inflexus*
Blaugrüne Segge	*Carex flacca*
Bleiche Vogelmiere	*Stellaria pallida*
Bleiches Zwerg-Hornkraut	*Cerastium glutinosum*
Blut-Johannisbeere	*Ribes sanguineum*
Blutpflaume	*Prunus cerasifera 'Pissardii'*
Blutroter Hartriegel	*Cornus sanguinea ssp. australis*
Blutroter Storchschnabel	*Geranium sanguineum*

Blut-Weiderich	*Lythrum salicaria*
Bodden-Binse	*Juncus gerardii*
Boretsch	*Borago officinalis*
Breitblättrige Platterbse	*Lathyrus latifolius*
Breitblättrige Spieß-Melde	*Atriplex prostrata ssp. latifolia*
Breitblättriger Rohrkolben	*Typha latifolia*
Breitblättriger Spindelstrauch	*Euonymus latifolia*
Breitblättriger Wurmfarn	*Dryopteris dilatata*
Breit-Wegerich	*Plantago major*
Brennender Hahnenfuß	*Ranunculus flammula agg.*
Bubiköpfchen	*Soleirolia soleirolii*
Buchweizen	*Fagopyrum esculentum*
Bunte Kronwicke	*Securigera varia*
Büschel-Rose	*Rosa multiflora*
Busch-Rose	*Rosa corymbifera*
Busch-Windröschen	*Anemone nemorosa*
Chilenische Araukarie	*Araucaria araucana*
Chinesischer Bocksdorn	*Lycium chinense*
Dänisches Löffelkraut	*Cochlearia danica*
Dichtährige Segge	*Carex spicata*
Diels Zwergmispel	*Cotoneaster dielsianus*
Dolden-Milchstern	*Ornithogalum umbellatum*
Doldiges Habichtskraut	*Hieracium umbellatum*
Donarsbart	*Jovibarba sobolifera*
Dornige Hauhechel	*Ononis spinosa*
Dorniger Wurmfarn	*Dryopteris carthusiana*
Dost	*Origanum vulgare*
Dreiblütiger Nachtschatten	*Solanum triflorum*
Drüsiges Weidenröschen	*Epilobium ciliatum*
Duft-Resede	*Reseda odorata*
Dünen-Kriech-Weide	*Salix repens ssp. dunensis*
Dünen-Quecke	*Elytrigia atherica*
Dünen-Trespe	*Bromus hordeaceus ssp. thominei*
Dunkelbrauner Strand-Vogelknöterich	*Polygonum oxyspermum ssp. raii*
Eberesche	*Sorbus aucuparia*
Echte Feige	*Ficus carica*

Echte Kamille	*Matricaria recutita*
Echte Mariendistel	*Silybum marianum*
Echte Walnuss	*Juglans regia*
Echter Fenchel	*Foeniculum vulgare*
Echter Roseneibisch	*Hibiscus syriacus*
Echter Salbei	*Salvia officinalis*
Echtes Labkraut	*Galium verum*
Echtes Löffelkraut	*Cochlearia officinalis*
Echtes Tausendgüldenkraut	*Centaurium erythrea ssp. ery.*
Eiblättriger Liguster	*Ligustrum ovalifolium*
Eichenblättrige Mehlbeere	*Sorbus × pinnatifida nm. quercifolia Hedlund*
Eingriffliger Weißdorn	*Crataegus monogyna*
Einjähriges Rispengras	*Poa annua*
Einjähriges Silberblatt	*Lunaria annua*
Englisches Schlickgras	*Spartina anglica*
Esels-Distel	*Onopordum acanthium*
Ess-Kastanie	*Castanea sativa*
Europäischer Buchsbaum	*Buxus sempervirens*
Europäischer Meersenf	*Cakile maritima*
Europäischer Pfeifenstrauch	*Philadelphus coronarius*
Europäischer Portulak	*Portulaca oleracea*
Europäischer Queller	*Salicornia europaea agg.*
Europäisches Alpenveilchen	*Cyclamen purpurascens*
Fächer-Zwergmispel	*Cotoneaster horizontalis*
Faden-Klee	*Trifolium dubium*
Falsche Fuchs-Segge	*Carex otrubae*
Falsche Hunds-Rose	*Rosa subcanina*
Färber-Hundskamille	*Anthemis tinctoria*
Färber-Wau	*Reseda luteola*
Faulbaum	*Frangula alnus*
Feld-Ahorn	*Acer campestre*
Feld-Ehrenpreis	*Veronica arvensis*
Feld-Hainsimse	*Luzula campestris agg.*
Feld-Klee	*Trifolium campestre*
Feld-Kresse	*Lepidium campestre*
Feld-Thymian	*Thymus pulegioides*
Feld-Ulme	*Ulmus minor*
Felsenbirne	*Amelanchier spec.*
Felsen-Storchschnabel	*Geranium macrorhizum*

Filzast-Weide	*Salix dasyclados*
Flachblättriges Mannstreu	*Eryngium planum*
Flatter-Binse	*Juncus effusus*
Floh-Knöterich	*Persicaria maculosa*
Flug-Hafer	*Avena fatua*
Flutender Schwaden	*Glyceria fluitans agg*
Französische Tamariske	*Tamarix gallica*
Frühe Haferschmiele	*Aira praecox*
Frühlings-Hungerblümchen	*Erophila verna ssp. verna*
Futter-Wicke	*Vicia sativa agg.*
Gabel-Leimkraut	*Silene dichotoma*
Gamander-Ehrenpreis	*Veronica chamaedrys*
Gänseblümchen	*Bellis perennis*
Gänse-Fingerkraut	*Potentilla anserina*
Garten-Akelei	*Aquilegia cult.*
Garten-Hortensie	*Hydrangea macrophylla*
Garten-Melde	*Atriplex hortensis*
Garten-Montbretie	*Crocosmia × crocosmiiflora*
Garten-Petersilie	*Petroselinum sativum*
Garten-Ringelblume	*Calendula officinalis*
Garten-Schwarzwurzel	*Scorzonera hispanica*
Garten-Stiefmütterchen	*Viola wittrockiana*
Garten-Wolfsmilch	*Euphorbia peplus*
Gefingerter Lerchensporn	*Corydalis solida*
Gefleckter Aronstab	*Arum maculatum*
Gekielter Feldsalat	*Valerianella carinata*
Gelappte Melde	*Atriplex laciniata*
Gelbe Lupine	*Lupinus luteus*
Gelbe Narzisse (Osterglocke)	*Narcissus pseudonarcissus*
Gelbe Teichrose	*Nuphar lutea*
Gelber Hornmohn	*Glaucium flavum*
Gelber Lerchensporn	*Pseudofumaria lutea*
Gelber Wau	*Reseda lutea*
Gelbrote Taglilie	*Hemerocallis fulva*
Geruchlose Kamille	*Tripleurospermum perforatum*
Gestreifter Gänsefuß	*Chenopodium strictum*
Gewöhnliche Berberitze	*Berberis vulgaris*
Gewöhnliche Blasenkirsche	*Physalis alkekengi*

Gewöhnliche Commeline	*Commelina communis*
Gewöhnliche Esche	*Fraxinus excelsior*
Gewöhnliche Fichte	*Picea abies*
Gewöhnliche Golddistel	*Carlina vulgaris*
Gewöhnliche Goldnessel	*Galeobdolon luteum agg.*
Gewöhnliche Hainbuche	*Carpinus betulus*
Gewöhnliche Hasel	*Corylus avellana*
Gewöhnliche Hauswurz	*Sempervivum tectorum*
Gewöhnliche Hühnerhirse	*Echinochloa crus-galli*
Gewöhnliche Kornrade	*Agrostemma githago*
Gewöhnliche Kratzdistel	*Cirsium vulgare*
Gewöhnliche Mahonie	*Mahonia aquifolium*
Gewöhnliche Nelkenwurz	*Geum urbanum*
Gewöhnliche Ochsenzunge	*Anchusa officinalis*
Gewöhnliche Quecke	*Elytrigia repens*
Gewöhnliche Roßkastanie	*Aesculus hippocastanum*
Gewöhnliche Schlehe	*Prunus spinosa*
Gewöhnliche Schneebeere	*Symphoricarpus albus*
Gewöhnliche Sonnenblume	*Helianthus annuus*
Gewöhnliche Stechpalme	*Ilex aquifolium*
Gewöhnliche Strandsimse	*Bolboschoenus maritimus s. str.*
Gewöhnliche Sumpfkresse	*Rorippa palustris*
Gewöhnliche Teichsimse	*Schoenoplectus lacustris*
Gewöhnliche Vogelmiere	*Stellaria media*
Gewöhnliche Vogel-Wicke	*Vicia cracca*
Gewöhnliche Waldrebe	*Clematis vitalba*
Gewöhnliche Zaunwinde	*Calystegia sepium*
Gewöhnlicher Ampfer-Knöterich	*Persicaria lapathifolia ssp. lapath.*
Gewöhnlicher Beifuß	*Artemisia vulgaris*
Gewöhnlicher Beinwell	*Symphytum officinale ssp. bohemicum*
Gewöhnlicher Blasenstrauch	*Colutea arborescens*

Gewöhnlicher Bocksdorn	*Lycium barbarum*
Gewöhnlicher Efeu	*Hedera helix*
Gewöhnlicher Erdrauch	*Fumaria officinalis*
Gewöhnlicher Feldsalat	*Valerianella locusta*
Gewöhnlicher Flieder	*Syringa vulgaris*
Gewöhnlicher Froschlöffel	*Alisma plantago-aquatica*
Gewöhnlicher Giersch	*Aegopodium podagraria*
Gewöhnlicher Glatthafer	*Arrhenatherum elatius*
Gewöhnlicher Gundermann	*Glechoma hederacea*
Gewöhnlicher Hohlzahn	*Galeopsis tetrahit agg.*
Gewöhnlicher Hornklee	*Lotus corniculatus*
Gewöhnlicher Liguster	*Ligustrum vulgare*
Gewöhnlicher Reiherschnabel	*Erodium cicutarium ssp. cicut.*
Gewöhnlicher Salzschwaden	*Puccinellia distans*
Gewöhnlicher Schneeball	*Viburnum opulus*
Gewöhnlicher Seidelbast	*Daphne mezereum*
Gewöhnlicher Stechginster	*Ulex europaeus*
Gewöhnlicher Steinklee	*Melilotus officinalis*
Gewöhnlicher Strandhafer	*Ammophila arenaria*
Gewöhnlicher Strand-Roggen	*Leymus arenarius*
Gewöhnlicher Windhalm	*Apera spica-venti*
Gewöhnliches Bitterkraut	*Picris hieracioides*
Gewöhnliches Ferkelkraut	*Hypochaeris radicata*
Gewöhnliches Greiskraut	*Senecio vulgaris*
Gewöhnliches Hirtentäschel	*Capsella bursa-pastoris*
Gewöhnliches Hornkraut	*Cerastium holosteoides*
Gewöhnliches Jakobs-Greiskraut	*Senecio jacobea ssp. jacobea*
Gewöhnliches Kali-Salzkraut	*Salsola kali ssp. kali*
Gewöhnliches Kletten-Labkraut	*Galium aparine*

Gewöhnliches Leinkraut	*Linaria vulgaris*
Gewöhnliches Mastkraut	*Sagina procumbens*
Gewöhnliches Pfaffenhütchen	*Euonymus europaea*
Gewöhnliches Rispengras	*Poa trivialis*
Gewöhnliches Ruchgras	*Anthoxanthum odoratum*
Gewöhnliches Schilf	*Phragmites australis*
Gewöhnliches Seegras	*Zostera marina*
Gewöhnliches Seifenkraut	*Saponaria officinalis*
Gewöhnliches Silbergras	*Corynephorus canescens*
Gezähnter Feldsalat	*Valerianella dentata*
Glieder-Binse	*Juncus articulatus*
Gold-Hahnenfuß	*Ranunculus auricomus agg.*
Gold-Klee	*Trifolium aureum*
Goldlack	*Erysimum cheiri*
Graue Heide	*Erica cinerea*
Grau-Erle	*Alnus incana*
Graugrüner Gänsefuß	*Chenopodium glaucum*
Graugrünes Weidenröschen	*Epilobium lamyi*
Grau-Weide	*Salix cinerea*
Große Brennessel	*Urtica dioica*
Große Kapuzinerkresse	*Tropaeolum majus*
Große Sternmiere	*Stellaria holostea*
Großer Sauerampfer	*Rumex acetosa*
Großes Immergrün	*Vinca major*
Großfleckiges Lungenkraut	*Pulmonaria saccharata*
Grüne Minze	*Mentha spicata*
Haarförmiges Laichkraut	*Potamogeton trichoides*
Hain-Ampfer	*Rumex sanguineus*
Hain-Klette	*Arctium nemorosum*
Hain-Veilchen	*Viola riviniana*
Hanf	*Cannabis sativa*
Hanfpalme	*Trachycarpus fortunei*
Hänge-Birke	*Betula pendula*
Harz-Labkraut	*Galium saxatile*
Hasen-Klee	*Trifolium arvense ssp. arvense*
Heidekraut, Besenheide	*Calluna vulgaris*
Heide-Nelke	*Dianthus deltoides*

Herbst-Zeitlose	*Colchicum autumnale*
Himbeere	*Rubus idaeus*
Hirschzunge	*Asplenium scolopendrium*
Hoher Steinklee	*Melilotus altissimus*
Holland-Rose	*Rosa rugosa `Hollandica´*
Holunder-Schwertlilie	*Iris sambucina*
Hopfenklee	*Medicago lupulina*
Hornfrüchtiger Sauerklee	*Oxalis corniculata*
Hornkraut, Filziges	*Cerastium tomentosum*
Huflattich	*Tussilago farfara*
Hügel-Vergißmeinnicht	*Myosotis ramosissima*
Hundspetersilie	*Aethusa cynapium*
Hunds-Rose	*Rosa canina*
Hybrid-Eibe	*Taxus × media*
Hybrid-Goldregen	*Laburnum × watereri*
Immergrüne Strauch-Heckenkirsche	*Lonicera nitida*
Inkarnat-Klee	*Trifolium incarnatum*
ItalienischerAronstab	*Arum italicum*
Japanische Scheinquitte	*Chaenomeles japonica*
Japanischer Flügelknöterich,	*Fallopia japonica*
Japanischer Spierstrauch	*Spiraea japonica*
Japanischer Spindelstrauch	*Euonymus japonicus*
Jungfer im Grünen	*Nigella damascena*
Kahle Melde	*Atriplex glabriuscula*
Kahler Bauernsenf	*Teesdalea nudicaulis*
Kahles Bruchkraut	*Herniaria glabra*
Kamm-Laichkraut	*Potamogeton pectinatus*
Kanadische Pappel	*Populus × canadensis*
Kanadisches Berufkraut	*Conyza canadensis*
Kanariengras	*Phalaris canariensis*
Kapmargerite	*Osteospermum ecklonis*
Karpaten-Glockenblume	*Campanula carpatica*
Kartoffel	*Solanum tuberosum*
Kartoffel-Rose	*Rosa rugosa*
Kaukasus-Fetthenne	*Sedum spurium*
Kerzen-Knöterich	*Bistorta amplexicaulis*
Klatsch-Mohn	*Papaver rhoeas*
Klebriges Greiskraut	*Senecio viscosus*
Kleinblättrige Zwergmispel	*Cotoneaster microphylla*
Kleinblütige Königskerze	*Verbascum thapsus*
Kleinblütiger Steinklee	*Melilotus indicus*
Kleinblütiges Knopfkraut	*Galinsoga parviflora*
Kleinblütiges Weidenröschen	*Epilobium parviflorum*
Kleine Braunelle	*Prunella vulgaris*
Kleine Brennessel	*Urtica urens*
Kleine Klette	*Arctium minus*
Kleine Wasserlinse	*Lemna minor*
Kleiner Sauerampfer	*Rumex acetosella*
Kleiner Storchschnabel	*Geranium pusillum*
Kleiner Wiesenknopf	*Sanguisorba minor*
Kleines Habichtskraut	*Hieracium pilosella*
Kleines Schneeglöckchen	*Galanthus nivalis*
Kleinköpfiger Pippau	*Crepis capillaris*
Kletternder Spindelstrauch	*Euonymus fortunei*
Knäuel-Glockenblume	*Campanula glomerata*
Knick-Fuchsschwanz	*Alopecurus geniculatus*
Knoblauchsrauke	*Alliaria petiolata*
Knolliger Hahnenfuß	*Ranunculus bulbosus*
Kohl-Gänsedistel	*Sonchus oleraceus*
Kolkwitzie	*Kolkwitzia amabilis*
Kompaß-Lattich	*Lactuca serriola*
Korallen Ölweide	*Elaeagnus umbellata*
Korb-Weide	*Salix viminalis*
Kork-Eiche	*Quercus suber*
Kornblume	*Centaurea cyanus*
Krähenfuß-Wegerich	*Plantago coronopus*
Kranz-Lichtnelke	*Lychnis coronaria*
Kratzbeere	*Rubus caesius*
Krauser Ampfer	*Rumex crispus*
Krebsschere	*Stratiodes aloides*
Kriechender Günsel	*Ajuga reptans*
Kriechender Hahnenfuß	*Ranunculus repens*
Kriechendes Fingerkraut	*Potentilla reptans*
Kröten-Binse	*Juncus bufonius agg.*
Kugeldistel	*Echinops spec.*
Kuhkraut	*Vaccaria hispanica*
Kultur-Apfel	*Malus domestica*
Kultur-Birne	*Pyrus communis*

Küsten-Kamille	*Tripleurospermum maritimum*
Küsten-Meerkohl	*Crambe maritima*
Labrador-Veilchen	*Viola labradorica*
Land-Reitgras	*Calamagrostis epigejos*
Lederblättrige Rose	*Rosa caesia*
Linse	*Lens nigricans*
Lockerährige Quecke	*Elytrigia × drucei*
Lorbeerkirsche	*Prunus laurocerasus*
Lorbeerstrauch	*Laurus nobilis*
Löwenzahn, Herbst-	*Leontodon autumnalis*
Lucilien-Schneestolz	*Chionodoxa cf. luciliae*
Maiglöckchen	*Convallaria majalis*
Märzenbecher	*Leucojum vernum*
März-Veilchen	*Viola odorata*
Mauer-Doppelsame	*Diplotaxis muralis*
Mauretanische Malve	*Malva sylvestris ssp. mauritiana*
Mäusedorn	*Ruscus aculeatus*
Meer-Fenchel	*Crithmum maritimum*
Meerrettich	*Armoracia rusticana*
Meerstrand-Binse	*Juncus maritimus*
Milchkraut	*Glaux maritima*
Milder Knöterich	*Persicaria dubia*
Mittelmeer-Brombeere	*Rubus ulmifolius*
Mittelmeer-Feuerdorn	*Pyracantha coccinea*
Mittlerer Wegerich	*Plantago media*
Mittleres Immergrün	*Vinca difformis*
Moor-Greiskraut	*Tephroseris palustris*
Moschus-Malve	*Malva moschata*
Mutterkraut	*Tanacetum parthenium*
Natternkopf-Bitterkraut	*Picris echioides*
Nelken-Haferschmiele	*Aira caryophyllea*
Nickender Löwenzahn	*Leontodon saxatilis*
Niederliegender Krähenfuß	*Coronopus squamatus*
Niedriger Vogelknöterich	*Polygonum arenastrum ssp. calcatum*
Ohr-Weide	*Salix aurita*
Orangerotes Habichtskraut	*Hieracium aurantiacum*
Palisaden-Wolfsmilch	*Euphorbia characias*
Persischer Ehrenpreis	*Veronica persica*
Persischer Klee	*Trifolium resupinatum*

Peruanische Judenkirsche	*Physalis peruviana*
Pfeffer-Minze	*Mentha piperita*
Pfeilkresse	*Cardaria draba*
Pfennigkraut	*Lysimachia nummularia*
Pflaumenblättriger Weißdorn	*Crataegus × persimilis*
Platterbsen-Wicke	*Vicia lathyroides*
Punktierter Gilbweiderich	*Lysimachia punctata*
Purpur-Weide	*Salix purpurea*
Rainfarn	*Tanacetum vulgare*
Rainfarn-Büschelschön	*Phacelia tanacetifolia*
Rainkohl	*Lapsana communis*
Ranken-Platterbse	*Lathyrus aphaca*
Raps	*Brassica napus*
Raue Gänsedistel	*Sonchus asper*
Rauer Löwenzahn	*Leontodon hispidus ssp. hisp.*
Rauhaarige Wicke	*Vicia hirsuta*
Rauher Beinwell	*Symphytum asperum*
Reif-Weide	*Salix daphnoides*
Riesen-Bärenklau	*Heracleum mantegazzianum*
Riesen-Lauch	*Allium cf. giganteum*
Riesen-Schwingel	*Festuca gigantea*
Riesen-Straußgras	*Agrostis gigantea*
Roggen-Gerste	*Hordeum secalinum*
Roggen-Trespe	*Bromus secalinus agg.*
Rohr-Glanzgras	*Phalaris arundinacea*
Rohr-Schwingel	*Festuca arundinacea ssp. arundin.*
Rosenrotes Weidenröschen	*Epilobium roseum*
Rosmarin	*Rosmarinum officinalis*
Rotblättrige Rose	*Rosa glauca*
Rot-Buche	*Fagus sylvatica*
Rote Heckenkirsche	*Lonicera xylosteum*
Rote Lichtnelke	*Silene dioica*
Rote Spornblume	*Centranthus ruber*
Rote Taubnessel	*Lamium purpureum*
Roter Fingerhut	*Digitalis purpurea*
Roter Gänsefuß	*Chenopodium rubrum*
Rotes Straußgras	*Agrostis capillaris*
Rotkelchige Nachtkerze	*Oenothera glazioviana*
Rotschwingel	*Festuca rubra s. l.*

Rundblättrige Glockenblume	Campanula rotundifolia
Rundblättrige Minze	Mentha suaveolens
Rundblättriges Hasenohr	Bupleurum rotundifolium
Saat-Gerste	Hordeum vulgare
Saat-Hafer	Avena sativa
Saat-Lein	Linum usitatissimum
Saat-Mohn	Papaver dubium agg.
Saat-Roggen	Secale cereale
Saat-Weizen	Triticum aestivum
Saat-Wucherblume	Chrysanthemum segetum
Sal-Weide	Salix caprea
Salz-Alant	Inula crithmoides
Salzmiere	Honkenya peploides
Salz-Schuppenmiere	Spergularia salina
Salz-Teichsimse	Schoenoplectus tabernaemontani
Salzwiesen-Rispengras	Poa pratensis ssp. irrigata
Samtgras	Lagurus ovatus
Sanddorn	Hippophaë rhamnoides ssp. rham.
Sand-Grasnelke	Armeria maritima ssp. elongata
Sand-Hornkraut	Cerastium semidecandrum
Sand-Mohn	Papaver argemone
Sand-Nachtkerze	Oenothera ammophila
Sand-Segge	Carex arenaria
Sand-Thymian	Thymus serpyllum
Schaf-Schwingel	Festuca ovina agg.
Scharbockskraut	Ranunculus ficaria
Scharfer Hahnenfuß	Ranunculus acris
Scharfer Mauerpfeffer	Sedum acre
Scharfes Berufkraut	Erigeron acris
Scharlach-Fuchsie	Fuchsia magellanica
Scheinmohn	Meconopsis cambrica
Schlaf-Mohn	Papaver somniferum
Schlangenwurz	Calla palustris
Schlank-Segge	Carex acuta
Schlitzblättrige Brombeere	Rubus laciniatus
Schlitzblättriger Storchschnabel	Geranium dissectum
Schmalblättrige Berberitze	Berberis × stenophylla
Schmalblättrige Futter-Wicke	Vicia angustifolia
Schmalblättrige Lupine	Lupinus angustifolius
Schmalblättrige Ölweide	Elaeagnus angustifolia
Schmalblättriger Acker-Vogelknöterich	Polygonum aviculare ssp. rectum
Schmalblättriger Rohrkolben	Typha angustifolia
Schmalblättriges Greiskraut	Senecio inaequidens
Schmalblättriges Rispengras	Poa angustifolia
Schmalblättriges Weidenröschen	Epilobium angustifolium
Schmalblättriges Wollgras	Eriophorum angustifolium
Schneeballblättrige Blasenspiere	Physocarpus opulifolius
Schöne Zaunwinde	Calystegia pulchra
Schriftfarn, Milzfarn	Asplenium ceterach
Schwarze Krähenbeere	Empetrum nigrum
Schwarzer Holunder	Sambucus nigra
Schwarzer Maulbeerbaum	Morus nigra
Schwarzer Nachtschatten	Solanum nigrum
Schwarzer Senf	Brassica nigra
Schwarz-Erle	Alnus glutinosa
Schwarzfrüchtiger Drahtstrauch	Muehlenbeckia axillaris
Schwarz-Kiefer	Pinus nigra
Schweden-Klee	Trifolium hybridum
Schwedische Mehlbeere	Sorbus intermedia
Schwielen-Löwenzahn	Taraxacum laevigatum agg.
Schwimmendes Laichkraut	Potamogeton natans
Seekanne	Nymphoides peltata
Seerose	Nymphaea alba
Sellerie	Apium graveolens
Sibirischer Blaustern	Scilla siberica
Sigmarswurz	Malva alcea
Silberblättrige Taubnessel	Lamium argentatum
Silber-Ölweide	Elaeagnus commutata
Silber-Pappel	Populus alba
Skabiosen-Flockenblume	Centaurea scabiosa
Sonnenwend-Wolfsmilch	Euphorbia helioscopia
Spanisches Hasenglöckchen	Hyacinthoides hispanica

Sparrige Segge	*Carex muricata s. str.*
Sparrige Zwergmispel	*Cotoneaster divaricatus*
Späte Goldrute	*Solidago gigantea*
Speise-Tomate	*Lycopersicon esculentum*
Spieß-Melde	*Atriplex prostrata ssp. prostrata*
Spitz-Ahorn	*Acer platanoides*
Spitz-Wegerich	*Plantago lanceolata*
Spreizende Melde	*Atriplex patula*
Steifer Bastard-Strandroggen	*× Leymotrigia stricta*
Stein-Eiche	*Quercus ilex*
Stengelumfassende Taubnessel	*Lamium amplexicaule*
Steppen-Lieschgras	*Phleum phleoides*
Stiel-Eiche	*Quercus robur*
Stiel-Melde	*Atriplex longipes*
Stinkende Schwertlilie	*Iris foeditissima*
Stockrose	*Alcea rosea*
Strahlenlose Kamille	*Matricaria discoidea*
Strand-Aster	*Aster tripolium*
Strand-Beifuß	*Artemisia maritima*
Stranddistel	*Eryngium maritimum*
Strand-Dreizack	*Triglochin maritimum*
Strand-Grasnelke	*Armeria maritima ssp. maritima*
Strand-Mastkraut	*Sagina maritima*
Strand-Melde	*Atriplex littoralis*
Strand-Rotschwingel	*Festuca rubra ssp. littoralis*
Strand-Salde	*Ruppia maritima*
Strand-Salzmelde	*Halimione portulacoides*
Strand-Segge	*Carex extensa*
Strand-Silberkraut	*Lobularia maritima*
Strand-Sode	*Suaeda maritima*
Strand-Wegerich	*Plantago maritima*
Straßen-Gänsefuß	*Chenopodium urbicum*
Strauchehrenpreis	*Hebe speciosa*
Stumpfblättriger Ampfer	*Rumex obtusifolius*
Sumpf-Hornklee	*Lotus pedunculatus*
Sumpf-Reitgras	*Calamagrostis canescens*
Sumpf-Rispengras	*Poa palustris*
Sumpf-Schachtelhalm	*Equisetum palustre*
Sumpf-Schafgarbe	*Achillea ptarmica*

Sumpf-Schwertlilie	*Iris pseudacorus*
Sumpf-Weidenröschen	*Epilobium palustre*
Sumpf-Ziest	*Stachys palustris*
Süßdolde	*Myrrhis odorata*
Taube Trespe	*Bromus sterilis*
Taubenkropf-Leimkraut	*Silene vulgaris*
Teich-Schachtelhalm	*Equisetum fluviatile*
Teppich-Zwergmispel	*Cotoneaster dammeri*
Thunbergs Berberitze	*Berberis thunbergii*
Thymianblättriges Sandkraut	*Arenaria serpyllifolia*
Thymian-Ehrenpreis	*Veronica serpyllifolia*
Topinambur, Erdbirne	*Helianthus tuberosus*
Traubige Trespe	*Bromus racemosus*
Tüpfel-Johanniskraut	*Hypericum perforatum*
Übersehenes Knabenkraut	*Dactylorhiza praetermissa*
Ufer-Spitzklette	*Xanthium albinum*
Ungarische Wicke	*Vicia pannonica*
Venuskamm	*Scandix pecten-veneris*
Verschiedenzähniger Weißdorn	*Crataegus × subsphaericea*
Vielblütiges Weidelgras	*Lolium multiflorum*
Vielsamiger Gänsefuß	*Chenopodium polyspermum*
Vierkantiges Weidenröschen	*Epilobium tetragonum*
Viermänniges Hornkraut	*Cerastium diffusum*
Viersamige Wicke	*Vicia tetrasperma*
Vogel-Kirsche	*Prunus avium*
Vogesen-Rose	*Rosa dumalis*
Waagrechtes Nabelkraut	*Umbilicus horizontalis*
Wald-Frauenfarn	*Athyrium filix-femina*
Wald-Geißblatt	*Lonicera periclymenum*
Wald-Habichtskraut	*Hieracium murorum*
Wald-Platterbse	*Lathyrus sylvestris*
Wald-Veilchen	*Viola reichenbachiana*
Wald-Vergißmeinnicht	*Myosotis sylvatica*
Washingtonie	*Washingtonia filifera*
Wasser-Knöterich	*Persicaria amphibia*
Weg-Malve	*Malva neglecta*
Weg-Rauke	*Sisymbrium officinale*
Wegwarte	*Cichorium intybus*
Wehrlose Trespe	*Bromus inermis*

Weiche Trespe	*Bromus hordeaceus agg.*
Weichhariger Hohlzahn	*Galeopsis pubescens*
Weinberg-Lauch	*Allium vineale*
Wein-Rose	*Rosa rubiginosa*
Weiße Fetthenne	*Sedum album*
Weiße Lichtnelke	*Silene latifolia ssp. alba*
Weiße Taubnessel	*Lamium album*
Weiße Zaunrübe	*Bryonia alba*
Weißer Gänsefuß	*Chenopodium album*
Weißer Maulbeerbaum	*Morus alba*
Weißer Stechapfel	*Datura stramonium*
Weißer Steinklee	*Melilotus albus*
Weißes Straußgras	*Agrostis stolonifera*
Weißfilziges Greiskraut	*Senecio bicolor*
Weiß-Klee	*Trifolium repens*
Wermut	*Artemisia absinthium*
Wiesen-Bärenklau	*Heracleum sphondylium*
Wiesen-Bocksbart	*Tragopogon pratensis*
Wiesen-Flockenblume	*Centaurea jacea ssp. jacea*
Wiesen-Flockenblume	*Centaurea jacea ssp. subjacea*
Wiesen-Kammgras	*Cynosurus cristatus*
Wiesen-Kerbel	*Anthriscus sylvestris*
Wiesen-Klee	*Trifolium pratense*
Wiesen-Knäuelgras	*Dactylis glomerata*
Wiesen-Labkraut	*Galium album*
Wiesen-Lieschgras	*Phleum pratense*
Wiesen-Löwenzahn	*Taraxacum officinale agg.*
Wiesen-Margarite	*Leucanthemum vulgare s. str.*
Wiesen-Platterbse	*Lathyrus pratensis*
Wiesen-Salbei	*Salvia pratensis*
Wiesen-Schafgarbe	*Achillea millefolium agg.*
Wiesen-Schaumkraut	*Cardamine pratensis*
Wiesen-Schlüsselblume	*Primula veris*
Wiesen-Schwingel	*Festuca pratensis*
Wiesen-Storchschnabel	*Geranium pratense*
Wilde Karde	*Dipsacus fullonum*
Wilde Malve	*Malva sylvestris ssp. sylvestris*
Wilde Möhre	*Daucus carota ssp. carota*
Wilde Rübe	*Beta vulgaris ssp. maritima*
Wilde Sumpfkresse	*Rorippa silvestris*
Wildes Stiefmütterchen	*Viola tricolor agg.*
Wildkohl	*Brassica oleracea ssp. oleracea*
Winter-Linde	*Tilia cordata*
Winterling	*Eranthis hyemalis*
Wolliger Schneeball	*Viburnum lantana*
Wolliger Ziest	*Stachys byzantina*
Wundklee	*Anthyllis vulneraria s. l.*
Wurmfarn	*Dryopteris filix-mas*
Zimmer-Aralie	*Fatsia japonica*
Zitronen-Melisse	*Melissa officinalis*
Zottige Wicke	*Vicia villosa*
Zottiges Knopfkraut	*Galinsoga ciliata*
Zottiges Weidenröschen	*Epilobium hirsutum*
Zungen-Hahnenfuß	*Ranunculus lingua*
Zurückgebogener Amarant	*Amaranthus retroflexus*
Zusammengedrückte Binse	*Juncus compressus*
Zusammengedrücktes Rispengras	*Poa compressa*
Zweigriffliger Weißdorn	*Crataegus laevigata agg.*
Zweizeilige Segge	*Carex disticha*
Zweizeilige Sumpfzypresse	*Taxodium distichum*
Zwerg-Schneckenklee	*Medicago minima*

18 Register